Barbara Wolynski

Neuronale Grundlagen der visuomotorischen Verarbeitung

Barbara Wolynski

Neuronale Grundlagen der visuomotorischen Verarbeitung

bei Normalprobanden und bei Albinismus

Südwestdeutscher Verlag für Hochschulschriften

Impressum/Imprint (nur für Deutschland/only for Germany)
Bibliografische Information der Deutschen Nationalbibliothek: Die Deutsche Nationalbibliothek verzeichnet diese Publikation in der Deutschen Nationalbibliografie; detaillierte bibliografische Daten sind im Internet über http://dnb.d-nb.de abrufbar.
Alle in diesem Buch genannten Marken und Produktnamen unterliegen warenzeichen-, marken- oder patentrechtlichem Schutz bzw. sind Warenzeichen oder eingetragene Warenzeichen der jeweiligen Inhaber. Die Wiedergabe von Marken, Produktnamen, Gebrauchsnamen, Handelsnamen, Warenbezeichnungen u.s.w. in diesem Werk berechtigt auch ohne besondere Kennzeichnung nicht zu der Annahme, dass solche Namen im Sinne der Warenzeichen- und Markenschutzgesetzgebung als frei zu betrachten wären und daher von jedermann benutzt werden dürften.

Coverbild: www.ingimage.com

Verlag: Südwestdeutscher Verlag für Hochschulschriften GmbH & Co. KG
Heinrich-Böcking-Str. 6-8, 66121 Saarbrücken, Deutschland
Telefon +49 681 37 20 271-1, Telefax +49 681 37 20 271-0
Email: info@svh-verlag.de

Zugl.: Magdeburg, Universität Magdeburg, Diss., 2011

Herstellung in Deutschland:
Schaltungsdienst Lange o.H.G., Berlin
Books on Demand GmbH, Norderstedt
Reha GmbH, Saarbrücken
Amazon Distribution GmbH, Leipzig
ISBN: 978-3-8381-3145-0

Imprint (only for USA, GB)
Bibliographic information published by the Deutsche Nationalbibliothek: The Deutsche Nationalbibliothek lists this publication in the Deutsche Nationalbibliografie; detailed bibliographic data are available in the Internet at http://dnb.d-nb.de.
Any brand names and product names mentioned in this book are subject to trademark, brand or patent protection and are trademarks or registered trademarks of their respective holders. The use of brand names, product names, common names, trade names, product descriptions etc. even without a particular marking in this works is in no way to be construed to mean that such names may be regarded as unrestricted in respect of trademark and brand protection legislation and could thus be used by anyone.

Cover image: www.ingimage.com

Publisher: Südwestdeutscher Verlag für Hochschulschriften GmbH & Co. KG
Heinrich-Böcking-Str. 6-8, 66121 Saarbrücken, Germany
Phone +49 681 37 20 271-1, Fax +49 681 37 20 271-0
Email: info@svh-verlag.de

Printed in the U.S.A.
Printed in the U.K. by (see last page)
ISBN: 978-3-8381-3145-0

Copyright © 2012 by the author and Südwestdeutscher Verlag für Hochschulschriften GmbH & Co. KG and licensors
All rights reserved. Saarbrücken 2012

gewidmet meinen Eltern

Inhaltsverzeichnis

Abkürzungsverzeichnis 1
Einleitung 3

I Grundlagen und allgemeine Methodik
Kapitel 1: Physiologische Grundlagen 5
1.1 Verarbeitung visueller Informationen im Sehsystem 5
    1.1.1 Sehbahn: Von der Netzhaut zum Kortex 5
    1.1.2 Retinotope Organisation des Sehsystems 7
    1.1.3 Visuomotorische Integration 9
1.2 Albinismus 11
    1.2.1 Das Sehsystem bei Albinismus 12
        1.2.1.1 Okuläre Symptome 13
        1.2.1.2 Morphologie des Chiasma opticum 14
        1.2.1.3 Die albinotische Sehbahnabnormalität und der visuelle Kortex 16
1.3 Ziel der Arbeit 20

Kapitel 2: Methodische Grundlagen 22
2.1 Die funktionelle Magnetresonanztomographie 22
2.2 Visuell evozierte Potentiale 23
    2.2.1 Detektion der Sehbahnabnormalität mit VEPs 24
2.3 Augenbewegungsmessungen 25
    2.3.1 Die Videookulographie 26
    2.3.2 Das Elektookulogramm 26

II Experimenteller Teil
Kapitel 3: Methoden 28
Allgemeiner Methodenteil 28
3.1 Generelle Versuchsbedingungen 28
    3.1.1 Versuchspersonen 28
    3.1.2 Paradigma 28
        3.1.2.1 Visuelle Reize 29
        3.1.2.2 Aufgabe der Versuchspersonen 30
        3.1.2.3 Magnetresonanztomographische Versuchsdurchführung 32
        3.1.2.4 Hintergründe zum Paradigma 32
    3.1.3 Magnetresonanztomographische Datenakquisition 33
    3.1.4 fMRT Datenanalyse 34
        3.1.4.1 Datenvorverarbeitung 35
        3.1.4.2 Statistik 35

Spezieller Methodenteil
3.2 Visuomotorische Integration bei Normalprobanden 39
    3.2.1 Normalprobanden 39
    3.2.2 Auswertung der Verhaltensdaten 39
    3.2.3 fMRT-basierte Datenanalyse 39
        3.2.3.1 BOLD-Antworten – Übersicht 39
        3.2.3.2 ROI-Analyse 40

Inhaltsverzeichnis

3.2.3.3 Auswertung der funktionellen Konnektivität 45
    3.2.3.3.1 Funktionelle Konnektivitätsanalyse – Übersicht 46
    3.2.3.3.2 Funktionelle Konnektivitätsanalyse – Detailanalyse 47
3.3 Visuomotorische Integration bei Albinismus 49
    3.3.1 Albinismuspatienten 49
    3.3.2 Klassifizierung der Albinismuspatienten 50
        3.3.2.1 Okuläre Dominanz 50
        3.3.2.2 Bestimmung der Sehschärfe und der optimalen Refraktionskorrektur 50
        3.3.2.3 Augenbewegungen 50
            3.3.2.3.1 Quantifizierung des Nystagmus 51
            3.3.2.3.2 Fixationsüberprüfung 53
        3.3.2.4 Binokularsehen 54
        3.3.2.5 Bestimmung der Iris-Transluzenz 55
        3.3.2.6 Bestimmung der Phänotyppigmentierung 55
        3.3.2.7 Elektrophysiologischer Nachweis der Sehnervenfehlkreuzung 56
        3.3.2.8 fMRT-basierte Quantifizierung der abnormalen Repräsentation in V1 59
    3.3.3 Auswertung der Verhaltensdaten 60
    3.3.4 fMRT-basierte Datenanalyse 61
        3.3.4.1 BOLD-Antworten – Übersicht 61
        3.3.4.2 ROI-Analyse 61
            3.3.4.2.1 Analyse der Lateralisierungsmuster während der visuellen Reizphase 62
            3.3.4.2.2 Analyse der Effektorlateralisierungen während der motorischen Antwortphase 64

Kapitel 4: Ergebnisse 67
4.1 Visuomotorische Integration bei Normalprobanden 67
    4.1.1 Verhaltensdaten 67
    4.1.2 Kortikale Lateralisierungsmuster bei visueller Reizung 68
        4.1.2.1 Übersicht der visuell-induzierten Aktivität 68
        4.1.2.2 Detailbetrachtung der visuell-induzierten Aktivität 70
    4.1.3 Kortikale Lateralisierungsmuster bei motorischer Handlung 72
        4.1.3.1 Übersicht der effektor-induzierten Aktivität 72
        4.1.3.2 Detailbetrachtung der effektor-induzierten Aktivität 74
    4.1.4 Funktionelle Konnektivitätsanalyse – ein okzipito-parieto-frontales Netzwerk 76
        4.1.4.1 Übersicht funktioneller Korrelationen mit IPS-Arealen 76
        4.1.4.2 Detailbetrachtung funktioneller Konnektivität von IPSa und IPSt 79
4.2 Visuomotorische Integration bei Albinismus 81
    4.2.1 Patientenklassifizierung 81
        4.2.1.1 Ophthalmologische- und Phänotyp-Charakteristika 82
        4.2.1.2 Prüfung auf albinotische Sehnervenfehlkreuzung mit dem VEP 82
        4.2.1.3 fMRT-basierte Quantifizierung der abnormalen Repräsentation in V1 85
    4.2.2 Verhaltensdaten 88
    4.2.3 Kortikale Lateralisierungsmuster bei visueller Reizung 90
        4.2.3.1 Übersicht der visuell-induzierten Aktivität 90
        4.2.3.2 Abnormale Repräsentation in höheren Verarbeitungsstufen des visuellen Systems 92
    4.2.4 Kortikale Lateralisierungsmuster bei motorischer Handlung 98
        4.2.4.1 Übersicht der effektor-induzierten Aktivität 98
        4.2.4.2 Detailbetrachtung der effektor-induzierten Aktivität 101

Inhaltsverzeichnis

Kapitel 5: Diskussion 105
5.1 Visuomotorische Integration bei Normalprobanden 105
    5.1.1 Netzwerk im intraparietalen Sulcus 105
    5.1.2 Funktionelle Spezialisierung von IPSa 106
    5.1.3 Funktionelle Spezialisierung von PMa 108
    5.1.4 Lateralisierung und funktionelle Spezialisierung somatosensorischer und motorischer Areale 109
    5.1.5 Von der sensorischen Verarbeitung zur motorischen Ausführung-Nachweis anhand kortikaler Lateralisierungsmuster 110

5.2 Visuomotorische Integration bei Albinismus 112
    5.2.1 Abnormale Gesichtsfeldrepräsentationen 112
    5.2.2 Spezifität der abnormalen Lateralisierung im albinotischen visuellen System 116
    5.2.3 Visuomotorische Integration 117

Zusammenfassung 119
Synopsis 120
Literaturverzeichnis 121

Abkürzungsverzeichnis

AC / PC	anteriore/posteriore Kommissur
Albinismus$_G$	Albinismuspatienten mit einer großen Sehnervenfehlkreuzung
Albinismus$_K$	Albinismuspatienten mit einer kleinen Sehnervenfehlkreuzung
ALM	Allgemeines lineares Modell
ANOVA	Varianzanalyse
BA	Brodmann Areal
BOLD	Blood Oxygen Level Dependent
CGL	Corpus geniculatum laterale
EEG	Elektroenzephalographie
EOG	Elektrookulogramm
EPI	Gradientenecho-Echoplanare Bildgebung
FDR	false-detection-rate
FEF	frontale Augenfelder
fMRT	funktionelle Magnetresonanztomographie
fORP	Fiber Optic Response Pad (Tastenfeld)
FWHM	Halbwertsbreite (full width half maximum)
HRF	hämodynamische Antwortfunktion (hemodynamic response function)
I_L	Lateralisierungsindex
IPSt/p/m/a	intraparietaler Sulcus terminal/posterior/medial/anterior
ISI	Interstimulusintervall
K	Kontrast
M1	primärer motorischer Kortex
MarsBaR	MARSeille Boîte À Région d'Intérêt-Devel (SPM-Toolbox)
MNI	Montreal Neurological Institute
MR	Magnetresonanz
MRT	Magnetresonanztomographie
MT	mittlerer temporaler Kortex
OA	okulärer Albinismus
OCA	okulokutaner Albinismus
OCT	optische Kohärenztomographie
OD	oculus dexter, rechtes Auge
OS	oculus sinister, linkes Auge

Abkürzungsverzeichnis

p	p-Wert
PMa/p	prämotorisches Areal anterior/posterior
r	Korrelationskoeffizienten nach Pearson
ROI	region of interest (interessierende Hirnregion)
S1	primärer somatosensorischer Kortex
SD	Standardabweichung
SEM	Standardfehler
SMA	supplementäres motorisches Areal
SPM5	Statistical Parametric Mapping (Version 2005)
T1	longitudinale Relaxationszeit
T2*	schnelle transversale Relaxationszeit
TE	Echozeit
TR	Repetitionszeit
V1	visuelles Areal 1
V2	visuelles Areal 2
V3	visuelles Areal 3
VEP	visuell evozierte Potentiale
VOG	Videookulographie
WFU PickAtlas	Wake Forest University-Pickatlas (SPM-Toolbox)
ZENIT	Zentrum für Neurowissenschaftliche Innovation und Technologie

Einleitung

Nahezu ununterbrochen nehmen wir visuelle Reize wahr und reagieren auf sie. Um ein anvisiertes Zielobjekt beispielsweise anfassen oder aufheben zu können, wird ein motorisches Signal an die Muskeln geleitet. Zahlreiche Bewegungen im Alltag werden sensorisch kontrolliert, um die motorischen Abläufe zu modulieren und somit zu optimieren. Die Verarbeitung visuell aufgenommener Informationen für motorische Antworten wird als visuomotorische Integration bezeichnet. Das Wissen um die neuronalen Grundlagen der visuomotorischen Integration ist für das Verständnis visuell geleiteter Bewegungen bedeutend und stellt damit ein Schlüsselthema der Neurowissenschaften dar.

Während visuelle Informationen zunächst in Regionen des Okzipitallappens des Großhirns verarbeitet werden, finden wesentliche Verarbeitungsprozesse der Motorik weiter frontal im Bereich des zentralen Sulcus statt. Prozesse der visuomotorischen Integration werden hauptsächlich im zwischen diesen Bereichen gelegenen Parietallappen vermutet. Der Beitrag des intraparietalen Sulcus im Parietallappen wird in aktuellen Studien am Menschen insbesondere mit Hilfe funktioneller Magnetresonanztomographie untersucht. Es wurde belegt, dass eine Reihe von Arealen im intraparietalen Sulcus, wie die frühen visuellen Areale, retinotop organisiert sind und unter anderem bei der Steuerung von zielgerichteten Armbewegungen eine Rolle spielen (Culham et al., 2003; Medendorp et al., 2005; Medendorp et al., 2003; Sereno et al., 2001; Swisher et al., 2007; Wandell et al., 2007). Gegenwärtig wird die funktionelle Spezialisierung der intraparietalen Areale erforscht. Dabei wird vermehrt dem anterioren Bereich des intraparietalen Sulcus sowie den prämotorischen Arealen die Funktion der visuomotorischen Integration zugeschrieben (Andersen & Buneo, 2002; Battaglia-Mayer & Caminiti, 2002; Caminiti et al., 1998; Culham & Valyear, 2006; Gardner et al., 2002; Kalaska et al., 1997; Medendorp et al., 2008; Prado et al., 2005; Thoenissen et al., 2002; Wise et al., 1997). Genaue kortikale Lokalisationen des visuomotorischen Prozesses sowie die Verarbeitung entlang des parietofrontalen Netzwerks werden derzeit noch diskutiert (Andersen & Buneo, 2002; Colby & Goldberg, 1999; Medendorp et al., 2005; Thoenissen et al., 2002; Toni et al., 2001). Vielversprechend für das Verständnis der Plastizität und Selbstorganisation der Bereiche, die mit der visuomotorischen Integration befasst sind, sind Studien an Patienten mit angeborenen Anomalien. Sehbahnabnormalitäten sind insbesondere bei Patienten mit Albinismus (Apkarian et al., 1983; Schmitz et al., 2003), sowie Achiasmie (Apkarian et al., 1995; Brecelj et al., 2007; Victor et al., 2000; Muckli et al., 2009) bekannt. Diese Patienten bieten eine einzigartige Gelegenheit, um die Selbst- und Reorganisation des

Einleitung

menschlichen visuellen Systems zu untersuchen. Von diesen Krankheitsbildern, die im Zusammenhang mit einer bedeutenden Fehlprojektion der Sehnerven stehen, ist Albinismus, trotz des seltenen Vorkommens, das verbreiteteste.

Bei Albinismus lösen unterschiedliche angeborene Gendefekte Störungen an dem Melaninstoffwechsel aus und verursachen dadurch nicht nur die mitunter bekannten Pigmentierungsdefizite an Haut und Haaren, sondern auch spezifische Fehlentwicklungen am Sehsystem. Letzteres spiegelt sich einerseits in der Unterentwicklung der Fovea centralis im Auge wieder und zieht andererseits eine Fehlkreuzung der beiden Sehnerven am Chiasma opticum nach sich. Normalerweise projizieren die Fasern der Sehnerven der nasalen Netzhaut zur kontralateralen Hemisphäre und die der temporalen Netzhaut zur ipsilateralen Hemisphäre. Dieses Projektionsmuster der Sehnervenfasern ist bei Albinismus gestört, es projizieren wesentlich mehr Sehnervenfasern der temporalen Netzhaut zur kontralateralen Hemisphäre als normal (Guillery et al., 1975; Abadi & Pascal, 1989; Jeffery, 1997). Resultierend aus dieser Projektionsanomalie werden die Informationen der temporalen Netzhaut falsch in der kontralateralen Hemisphäre repräsentiert. Wie bei vielen neurologischen Störungen, trägt auch hier die genaue Untersuchung des Krankheitsbildes nicht nur zur Erforschung der Krankheit selbst, sondern auch zu einem besseren Verständnis des entsprechenden Prozesses im Gehirn von Normalprobanden bei.

Mit funktionellen magnetresonanztomographischen Untersuchungen wurde in der hier vorliegenden Arbeit der Prozess der visuomotorischen Integration bei normalem visuellen Eingang untersucht und die Konsequenzen auf die Organisation der zugrunde liegenden Netzwerke bei abnormalem visuellen Eingang ermittelt. Bei der Untersuchung kortikaler Plastizität bei abnormalem Eingang stellt sich die Frage, wie der Repräsentationsfehler in die visuomotorische Integration eingebunden wird. Wird die abnormale Repräsentation des primären visuellen Kortex in höheren Arealen auskorrigiert oder bleibt die abnormale Repräsentation auch hier bestehen? Falls sich die Abnormalität bis zur visuomotorischen Schnittstelle im parietalen Kortex verlagert, werden dann motorische und somatosensorische Areale von dem Repräsentationsfehler im visuellen Kortex beeinflusst? Diese Fragen sind bisher ungeklärt, jedoch von großem Interesse.

I Grundlagen und allgemeine Methodik

Kapitel 1: Physiologische Grundlagen

1.1 Verarbeitung visueller Informationen im Sehsystem

1.1.1 Sehbahn: Von der Netzhaut zum Kortex

Die Sehbahn ist neben dem Auge und der Sehrinde ein Teil des Sehsystems und verbindet beide Komponenten miteinander (siehe Abb. 1). In der ersten Verarbeitungsstufe des Sehsystems durchdringt das Licht Hornhaut, Kammerwasser, Linse und Glaskörper des Auges und wird aufgrund deren unterschiedlicher Dichte und Krümmung gebrochen (Brechkraft etwa 60 dpt). Dadurch entsteht ein umgekehrtes und verkleinertes Bild auf der Netzhaut (Retina). Das Licht wird anschließend in einer Phototransduktion verarbeitet. Dabei übertragen die sich in der Netzhaut befindenden Photorezeptoren, 120 Millionen Stäbchen und 6,5 Millionen Zapfen, die durch die visuelle Reizung ausgelösten elektrischen Impulse auf die Horizontal-, Bipolar- und Amakrinzellen. Anschließend wird die Erregung auf etwa 1,2 Millionen Ganglienzellen weitergeleitet (Wandell, 1995). Die Axone aller Ganglienzellen verlassen das Auge am Sehnervenkopf (Papille), dem Austrittspunkt zum Gehirn, und bilden zusammen den Sehnerv Nervus opticus (Nassi & Callaway, 2009; Nieuwenhuys et al., 2008).

Im Verlauf der Sehbahn, am Chiasma opticum, treffen sich die Sehnerven beider Augen. Hier projizieren die Axone der nasalen Netzhauthälfte beider Augen jeweils zur kontralateralen Hemisphäre, während die der temporalen Netzhauthälfte ungekreuzt zur ipsilateralen Hemisphäre verlaufen. Als Ergebnis erhalten beide Hemisphären Informationen von beiden Augen über das jeweils gegenüberliegende Gesichtsfeld. Etwa 90% der am Chiasma opticum neu zusammengesetzen Axonbündel ziehen als Tractus opticus weiter in das Corpus geniculatum laterale (CGL), einem Thalamuskern. Die restlichen 10% der Fasern projizieren in den superioren Colliculus (Goldstein, 2010). Im CGL terminieren die Axone der retinalen Ganglienzellen und bilden synaptische Verbindungen mit den Zellen des CGL. Deren Axone ziehen als Sehstrahlung (Radiatio optica) zur primären Sehrinde im Okzipitallappen, V1, Areal 17 nach Brodmann oder Area striata genannt, im Bereich des Sulcus calcarinus (Van Essen & Gallant, 1994; Bear et al., 2007; Nieuwenhuys et al., 2008; Nassi & Callaway, 2009). Resultierend aus der teilweisen Sehnervenkreuzung am Chiasma opticum erhält V1 der rechten Hemisphäre ausschließlich Informationen über die linke Gesichtsfeldhälfte, und V1

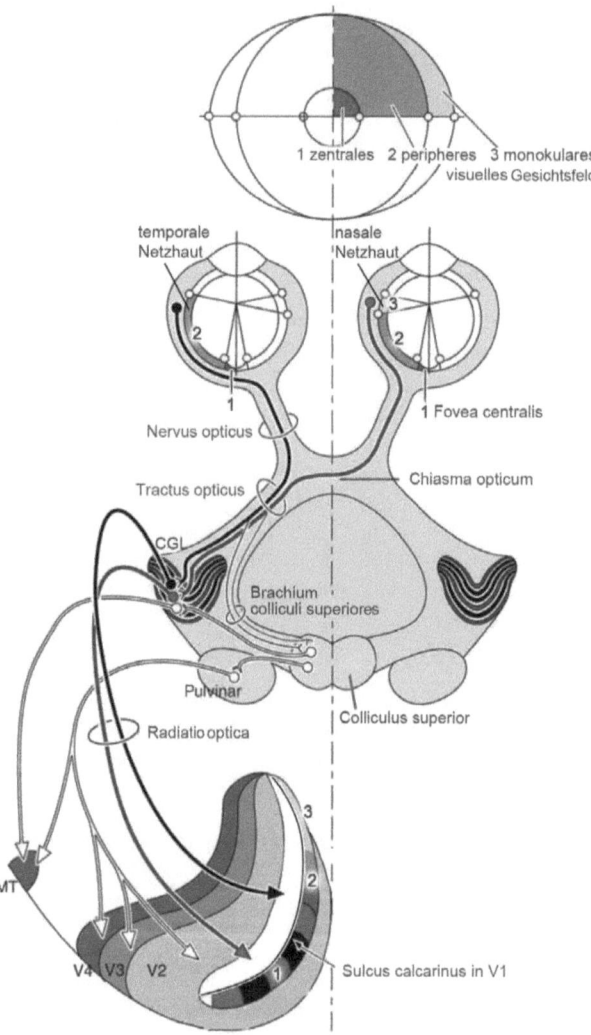

Abb. 1: Schema der menschlichen Sehbahn. Die Sehbahn verbindet Komponenten des Sehsystems, Augen und Sehrinde, insbesondere über die Zwischenstation Corpus geniculatum laterale (CGL) miteinander. Der rechte obere Quadrant des Gesichtsfeldes ist im linken V1, im Bereich unterhalb des Sulcus calcarinus repräsentiert. Die Projektionen der kontralateralen (rot) und ipsilateralen (schwarz) Netzhaut bleiben in den verschiedenen Schichten des CGL getrennt und bilden in V1 okuläre Dominanzsäulen. Die Repräsentation des zentralen Gesichtsfeldes (1) ist im posterioren Teil und die des peripheren Gesichtsfeldes (2 & 3) im anterioren Teil in V1 lokalisiert (modifiziert nach Nieuwenhuys et al., 2008).

I Grundlagen und allgemeine Methodik

der linken Hemisphäre über die rechte Gesichtsfeldhälfte, beider Augen. Die Repräsentationen des kontralateralen Gesichtsfeldes jedes Auges liegen in V1 in einem Säulensystem ineinander verschachtelt vor, in den so genannten okulären Dominanzsäulen mit Informationen von dem einen oder dem anderen Auge (Hubel & Wiesel, 1968; Goodyear & Menon, 2001; Cheng et al., 2001). Durch den binokularen Eingang können die Bilder beider Augen für die Tiefenwahrnehmung fusioniert werden, sodass die auf der Netzhaut zweidimensional abgebildete Sehinformation dreidimensional wahrgenommen werden kann. Außerdem enthält V1 eine Einteilung in ein funktionelles Säulensystem, welches insbesondere Linienorientierung und Farbenanalyse parallel verarbeitet (Van Essen & Gallant, 1994). In jeder Säule befinden sich spezialisierte Neuronengruppen, die bei dem Beispiel der Linienorientierung nur dann reagieren, wenn auf dem korrespondierenden Bereich der Netzhaut eine Kontrastkante mit einer ganz bestimmten Orientierung abgebildet wird (Hubel & Wiesel, 1977). Die in V1 verarbeitete visuelle Information wird zu weiteren, stärker spezialisierten visuellen Arealen weitergeleitet (Felleman & Van Essen, 1991).

1.1.2 Retinotope Organisation des Sehsystems

Wie bereits beschrieben, werden die im Auge einfallenden Lichtstrahlen gebündelt und auf der Netzhaut als ein umgekehrtes und verkleinertes Bild dargestellt. Diese auf die Netzhaut auftreffende visuelle Information wird so an die weiteren Strukturen des Sehsystems übermittelt, dass Nachbarschaftsverhältnisse im Gesichtsfeld und auf der Netzhaut erhalten bleiben. Dieses Organisationsprinzip wird als Retinotopie bezeichnet. Im weiteren Informationsverlauf des Sehsystems bleibt dieses Organisationsprinzip bestehen, sodass benachbarte Neurone der Netzhaut in benachbarte Regionen des CGL, die wiederum zu benachbarten Stellen des V1 projizieren (siehe Abb. 2). Bei der Übertragung der visuellen Information von der Netzhaut in den Kortex erhält der Bereich der Fovea centralis, dem schärfsten Punkt des Sehens, aufgrund der höheren retinalen Ganglienzelldichte eine größere Projektionsfläche in V1 als periphere Fasern der Netzhaut. Im Vergleich zu einem flächengleichen Bereich in der Netzhautperipherie projiziert die Fovea centralis in eine größere Fläche des CGL und des V1. Diese in V1 stärkere Repräsentation des zentralen Gesichtsfeldes wird als retinokortikale Vergrößerung bezeichnet und führt zu einer Verzerrung der kortikalen Abbildung (Horton & Hoyt, 1991; Wandell & Smirnakis, 2009).

Abb. 2: Schema der Retinotopie. Die auf der Netzhaut um 180° gedrehte und verkleinert auftreffende Abbildung des Gesichtsfeldes wird retinotop auf die primäre Sehrinde (V1) übertragen. Dabei werden die Nachbarschaftsverhältnisse stets eingehalten. V1 der rechten Hemisphäre repräsentiert das kontralaterale linke Halbfeld, während V1 der linken Hemisphäre Informationen des kontralateralen rechten Halbfeldes erhält. Die Abbildung ist nicht maßstabsgetreu, die Größe des verarbeitenden Kortexareals pro Sehwinkel nimmt aufgrund der retinokortikalen Vergrößerung von der Fovea zur Peripherie ab (Modifiziert nach Kandel et al., 2000).

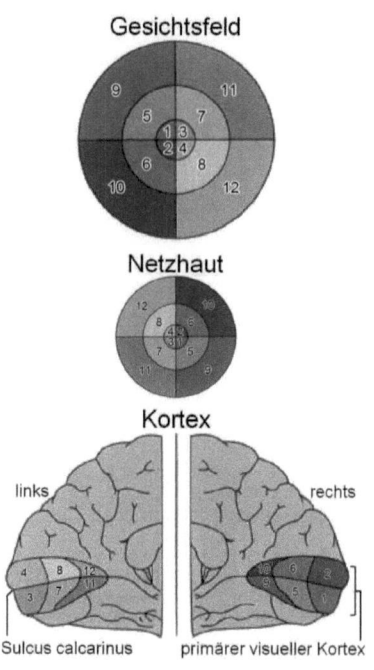

Nicht nur in V1 besteht eine komplette retinotope Repräsentation des Gesichtsfeldes, weitere retinotope Repräsentationen wurden auch in höheren visuellen Arealen innerhalb des okzipitalen Kortex ermittelt (DeYoe et al., 1996; Engel et al., 1997; Sereno et al., 1995; Tootell et al., 1996; Wandell et al., 2007). Die weiteren retinotopen Repräsentationen resultieren aus der Tatsache, dass die visuelle Information im Gehirn nicht einfach abgebildet, sondern nach kategorialen Gesichtspunkten wie unter anderem Form, Farbe und Bewegung verarbeitet wird. Diese werden örtlich getrennt repräsentiert und analysiert. Die Repräsentationen sind wie die in V1 retinotop organisiert, sodass die visuelle Information in wiederholten retinotopen Abbildungen im okzipitalen Kortex dargestellt wird (Zeki, 1978). Bemerkenswerterweise belegen zahlreiche Studien innerhalb der vergangenen zehn Jahre, dass auch Areale im menschlichen intraparietalen Sulcus retinotop organisiert sind und Repräsentationen des kontralateralen Gesichtsfeldes enthalten (siehe Abb. 3; Hagler et al., 2007; Hoffmann et al., 2009; Levy et al., 2007; Merriam et al., 2003; Orban et al., 2006; Schluppeck et al., 2005; Sereno et al., 2001; Silver et al., 2005; Swisher et al., 2007; Konen & Kastner, 2008a). Weitere Untersuchungen ergaben, dass die retinotope Gesichtsfeldrepräsentation sogar in Arealen des Temporal- und Frontallappens auftritt (Silver & Kastner,

2009; Wandell et al., 2007; Arcaro et al., 2009). Mit diesen Studien wurde folglich belegt, dass sich die retinotope Organisation nicht nur auf die Areale im Okzipitallappen beschränkt, sondern weitläufiger ist. Zusammengefasst wurden bisher über 20 retinotop organisierte Areale im menschlichen Kortex kartiert (Wandell et al., 2007; Silver & Kastner, 2009).

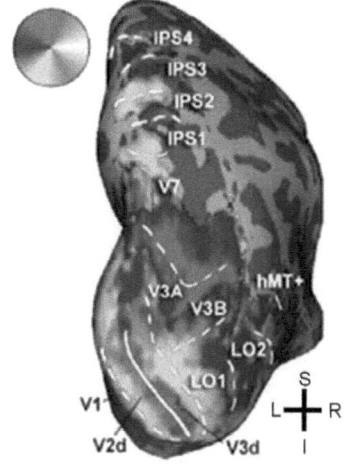

Abb. 3: Retinotope Organisation visueller Areale. Dargestellt ist die kortikale Aktivität auf der rechten Hemisphäre eines Einzelprobanden bei Reizung im linken Halbfeld (Polarwinkelkartierung). Die Reizorte sowie die kortikale Aktivität sind farbkodiert. Im Kortex wird in rot die Repräsentation des kontralateralen oberen, in grün die des kontralateralen unteren vertikalen Meridians und in blau die des horizontalen Meridians dargestellt. Ipsilaterale Antworten sind gelb kodiert. Die Meridianrepräsentationen ermöglichen die Identifizierung der Grenzen der visuellen Areale (gestrichelte Linien – Repräsentationen des vertikalen Meridians; durchgezogene Linie – Repräsentationen des horizontalen Meridians). Jenseits von V1, sogar im parietalen Kortex sind retinotope Karten zu erkennen. Entlang des intraparietalen Sulcus sind fünf visuelle Areale dargestellt (IPS1 bis IPS4 und V7, auch als IPS0 bekannt). Demnach ist die retinotope Organisation nicht nur auf Areale des okzipitalen Kortex beschränkt, sondern viel weitläufiger. Die rechte Hemisphäre wird in der aufgeblasenen Darstellungsform in einer Ansicht von posterior aufgezeigt, die Sulci sind in dunkelgrau und die Gyri in hellgrau dargestellt. Abbildung aus Swisher et al., (2007).

1.1.3 Visuomotorische Integration

Visuelle Informationen sind für die Vorbereitung, Initiierung und Steuerung von motorischen Handlungen von besonderer Bedeutung. Der Prozess der visuomotorischen Integration erfordert die Überführung der Informationen des visuellen Gesichtsfelds im sensorischen System zu den effektorverarbeitenden Netzwerken im motorischen System. Beide Systeme weisen unterschiedliche Charakteristika bei der Informationsverarbeitung auf. Während visuelle Areale retinotop organisiert sind und hauptsächlich das kontralaterale visuelle Halbfeld repräsentieren (Wandell et al., 2007), repräsentieren die motorischen Areale vornehmlich den kontralateralen Effektor der auszuführenden Bewegung (Kolb & Wishaw, 1996). Ferner zeigen beide Systeme ein auffälliges Muster der Lateralisierung auf. Es ist naheliegend, dass die visuomotorische Integration in Neuronen erfolgt, die beide Lateralisierungsmuster vereinigen (Andersen & Gnadt, 1989).

Bei der visuomotorischen Integration spielt der parietale Kortex eine wesentliche Rolle. Dieser verknüpft verschiedene sensorische Modalitäten zu einer gemeinsamen Repräsentation, sodass zielgerichtete Bewegungen geplant werden können. Die Bedeutung des parietalen Kortex in diesem Zusammenhang wird insbesondere bei Patienten mit in den Regionen auffindbaren Läsionen deutlich, wie es bei der visuomotorischen Ataxie der Fall ist. Bei diesen Patienten besteht eine Störung der Umsetzung der visuellen Information in zielgerichtete motorische Aktion, die auf Läsionen im intraparietalen Sulcus zurückzuführen ist (Perenin & Vighetto, 1988). Demnach ist die visuelle Informationsverarbeitung entlang des dorsalen Pfades, welcher vom primären visuellen Kortex, über den parietalen Kortex zum prämotorischen Kortex führt (Milner & Goodale, 1995), erschwert.

Die genaue Bedeutung des intraparietalen Sulcus im Zusammenhang mit der visuomotorischen Integration wird derzeit mit vermehrtem Interesse in funktionellen magnetresonanztomographischen Untersuchungen erforscht. Dabei werden bevorzugt Paradigmen verwendet, bei denen die visuelle Reizung und die motorische Handlung sequentiell aufeinanderfolgen, aber zeitlich voneinander durch eine Verzögerung getrennt sind. Demnach soll auf den visuellen Reiz erst nach einer Verzögerung von einigen Sekunden motorisch geantwortet werden. Durch die Verwendung eines solchen Paradigmas fanden Medendorp und Kollegen (2003) beim Menschen eine Aktivierung von vielen parietalen Arealen, einschließlich des intraparietalen Sulcus. Ebenfalls wurden von Hoshi, Tanji und Kollegen in Affenstudien mit einem solchen Paradigma die Charakteristika des Integrationsprozesses beim Planen einer zielgerichteten Armbewegung untersucht. Dabei wurde deutlich, dass zusätzlich zum parietalen Kortex bei der Bewegungsplanung auch prämotorische Areale involviert sind (Hoshi & Tanji, 2000; 2002; 2004; 2006). Dass dem visuomotorischen Prozess ein kortikales Netzwerk aus parietalen und prämotorischen Arealen zugrunde liegt, beschreiben auch weitere Studien (Andersen & Buneo, 2002; Battaglia-Mayer & Caminiti, 2002; Caminiti et al., 1998; Culham & Valyear, 2006; Gardner et al., 2002; Kalaska et al., 1997; Medendorp et al., 2008; Prado et al., 2005; Thoenissen et al., 2002; Wise et al., 1997). Welche Areale genau bei diesem Prozess involviert sind und wie die Verarbeitung entlang des parietofrontalen Netzwerks im Detail erfolgt, wird gegenwärtig noch erforscht (Andersen & Buneo, 2002; Colby & Goldberg, 1999; Medendorp et al., 2005; Thoenissen et al., 2002; Toni et al., 2001). Ebenfalls ist die genaue funktionelle Spezialisierung der intraparietalen Areale

I Grundlagen und allgemeine Methodik

noch ungeklärt. Während einige Bereiche des intraparietalen Sulcus stärker in visuelle und Aufmerksamkeitsprozesse involviert sind, scheinen andere intraparietale Bereiche, vornehmlich die anterioren Bereiche, die visuelle Information für die Bewegungsplanung verfügbar zu machen (Andersen & Buneo, 2002). Für das Verständnis der Plastizität und der Selbstorganisation des visuellen Systems inklusive der Areale, die bei der visuomotorischen Integration eine Rolle spielen, sind Studien an Patienten mit angeborenen Anomalien im Sehsystem von großem Interesse. Eine Sehbahnabnormalität ist bei der Erkrankung Albinismus bekannt, so dass sie ein geeignetes Modell zur Untersuchung des visuellen Kortex darstellt.

1.2 Albinismus

Der Begriff Albinismus (lat. albus: weiß) umfasst eine Gruppe von Gendefekten, aus denen angeborene Stoffwechselerkrankungen resultieren, und wurde im Jahr 1908 erstmals von A. E. Garrod wissenschaftlich beschrieben (Garrod, 1908). Die Stoffwechselerkrankung führt zu einer Störung der Produktion des Pigmentes Melanin (griech. mèlas: schwarz). Eine Verminderung von Melanin macht sich bei melaninabhängigen Strukturen wie der Haut, den Haaren und dem Sehsystem bemerkbar. Bei der schwersten Form von Albinismus äußert sich der Pigmentmangel durch weiße Kopf- und Körperbehaarung, helle Haut und blaue Iriden. Diese auffällige Depigmentierung des Phänotyps kommt weltweit bei Menschen unterschiedlicher Rassen vor, mit deutlichen Häufungen in einzelnen Populationen, beispielsweise in einigen Regionen Afrikas. Ebenfalls ist Albinismus keine nur auf den Menschen beschränkte Stoffwechselstörung. Die Erkrankung wurde bereits in zahlreichen Säugetierarten wie beispielsweise Katzen (Creel, 1971a), Mäusen (LaVail et al., 1978), Nerzen (Sanderson et al., 1974), Schweinen (Creel & Giolli, 1972), Frettchen (Guillery, 1971); (Morgan et al., 1987), Tigern (Guillery & Kaas, 1973) und Affen (Guillery et al., 1984) gefunden, aber auch in Amphibien wie dem Krallenfrosch (Grant et al., 2003) oder Fischen (Delgado et al., 2009) wurde Albinismus nachgewiesen.

Die Melaninsynthese ist ein komplexer Vorgang, welcher von zahlreichen Proteinen abhängt. Sie kann an verschiedenen Stellen gestört sein. Dadurch ist die Erkrankung auf phänotypischer und molekulargenetischer Ebene höchst heterogen (Abb. 17 zeigt das variable Ausmaß der Phänotyppigmentierung). Die variablen Phänotypen des Albinismus sind auf Mutationen in unterschiedlichen Bereichen eines Gens wie auch auf diverse Gene zurückzuführen, was die klinische Differenzierung erschwert (Oetting et al., 2003). Ferner konnte bei etwa einem Drittel phänotypisch auffälliger Personen keine Mutation in einem der bekannten Gene gefunden werden (Kasmann-Kellner & Seitz, 2007). Das lässt weitere bisher unbekannte Gene vermuten, die ebenfalls mit Albinismus assoziiert sind. In Tierexperimenten wurden bereits in der Maus etwa 120 Gene gefunden, die einen Einfluss auf die Pigmentierung haben (Zuhlke et al., 2007a; Kasmann-Kellner & Seitz, 2007). Bei Menschen wurden bisher fünf Gene ermittelt, die bei Mutationen Albinismus auslösen können (Oetting et al., 2003; Oetting et al., 2005; Zuhlke et al., 2007b). Generell bestehen beim Menschen zwei Albinismusformen; okulokutaner Albinismus (OCA) und okulärer Albinismus (OA) (Oetting et al., 2003; Vetrini et al., 2004). OCA wird autosomal-rezessiv vererbt und tritt mit gleicher Häufigkeit bei beiden Geschlechtern auf (Inzidenz: 1:20.000; Dessinioti et al., 2009; Zuhlke et al., 2007a; Newton et al., 2001; Tomita et al., 1989; Witkop, et al., 1970). Bei dieser Form sind Haut, Haare und Augen von der Hypopigmentierung betroffen. OCA wird aufgrund von Mutationen an vier verschiedenen Genen und der daraus entstehenden Ausdehnung der Phänotypen in weitere Untergruppen unterteilt. OA tritt im Verhältnis zu OCA seltener auf (Inzidenz: 1:50.000; Abadi & Pascal, 1989; Schiaffino & Tacchetti, 2005; King et al., 1995). Diese Albinismusform wird X-chromosomal rezessiv vererbt und betrifft vornehmlich Männer. Hier manifestiert sich die abnormale Melaninproduktion primär im Sehsystem, während Haut und Haare eine normale Pigmentierung aufweisen (Creel et al., 1978). Beide Albinismusformen zeigen Beeinträchtigungen im Sehsystem. Dabei liegt neben den okulären Symptomen (Elschnig, 1913) eine Fehlkreuzung der Sehnerven vor (Lund, 1965; Guillery & Kaas, 1973; Creel et al., 1974; Guillery et al., 1975; Coleman et al., 1979). Diese neuronale Abnomalität unterscheidet Albinismus von anderen Erkrankungen mit Hypopigmentierung und rückt sie in den Mittelpunkt der Forschung. Auf die okulären Symptome sowie auf die Sehnervenfehlkreuzung wird im nächsten Abschnitt näher eingegangen.

1.2.1 Das Sehsystem bei Albinismus

Der Mangel von Melanin hat neben dem teilweise auffälligen dermatologischen Phänotyp verschiedene Auswirkungen auf die Morphologie sowie Funktion des Auges, der Sehbahn und des Gehirns (Ni-Komatsu & Orlow, 2006; Oetting et al., 2003). Die visuellen Defekte variieren in ihrer Ausprägung und sind im Folgenden aufgeführt.

1.2.1.1 Okuläre Symptome

Die Hypopigmentierung führt zu einer weitreichenden okulären Pathologie. Albinismusbetroffene zeigen aufgrund der Hypopigmentierung von Iris und retinalem Pigmentepithel eine Durchleuchtbarkeit der Iris (Iris-Transluzenz) und einen hellen Augenhintergrund (Fundus) mit teilweise sichtbaren choroidalen Gefäßen (Aderhautgefäße). Durch die Hypopigmentierung im Auge fehlt den Betroffenen der Blendungsschutz, sodass oft eine Photophobie besteht. Zusätzlich erscheinen bei stark ausgeprägtem Albinismus die Augen oft rot, da die in das Auge eintretenden Lichtstrahlen am Hämoglobin der retinalen und der choroidalen Blutgefäße reflektiert werden und diese das Auge aufgrund der Iris-Transluzenz nahezu ungehindert verlassen. Ebenso kommt es zu einer nicht adäquat differenzierten Fovea und Makula (Makulahypoplasie; siehe Abb. 4; Abadi & Cox, 1992; Guillery et al., 1984; Webster & Rowe, 1991). In der normalerweise zapfenreichen Fovea wurde bei Albinismus eine verringerte Zapfendichte ermittelt (Kelly & Weiss, 2006; Chong et al., 2009; Elschnig, 1913; Fulton et al., 1978). Zusätzlich ist in der gesamten Netzhaut die Stäbchendichte reduziert (Jeffery et al., 1994; Ilia & Jeffery, 1996).

Wie bei vielen anderen kongenitalen Erkrankungen mit eingeschränktem Sehvermögen besteht auch bei Albinismus in der Regel ein unwillkürliches Augenzittern (Nystagmus); vorwiegend ein horizontaler Pendel- bis Rucknystagmus (Summers et al., 2004). Die Ausprägung der Amplitude und der Frequenz des Nystagmus ist unter den Albinismusbetroffenen von variablem Ausmaß. Er setzt meistens in den ersten drei Lebensmonaten ein und wird oft mit einer Kopfzwangshaltung der Patienten beruhigt. Durch beide Faktoren, die Foveadysplasie und den Nystagmus unterschiedlichen Ausmaßes, verringert sich entsprechend die Sehschärfe der Betroffenen, welche selten über 0,5 liegt (Abadi & Pascal, 1991). Ferner tritt bei Albinismus in den meisten Fällen Schielen (Strabismus) auf und das Stereosehen fehlt größtenteils (Wildberger & Meyer, 1978; Abadi & Pascal, 1989). Ebenso besteht Weit- (⅔ Albinismuspatienten) beziehungsweise Kurzsichtigkeit (⅓ Albinismuspatienten; Kasmann-Kellner & Seitz, 2007).

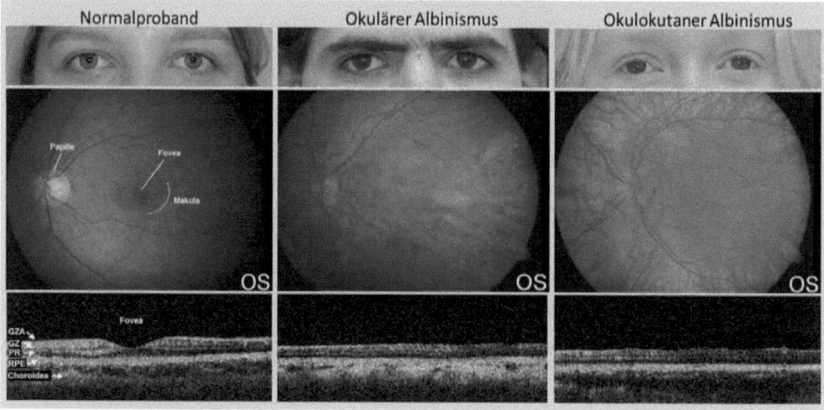

Abb 4: Darstellung der Netzhaut einer Normalprobandin, eines okulären und einer okulokutanen Albinismuspatientin im Fundusfoto (mittlere Zeile) und mit der optischen Kohärenztomographie (OCT; unterste Zeile). Die Normalprobandin zeigt im Fundusfoto eine nicht pathologische Papille und eine ausdifferenzierte Makula und Fovea (dunkle zirkuläre Region im Zentrum des Fotos). In der OCT-Abbildung ist in der sagittalen Ansicht der Netzhaut eine deutliche Foveagrube erkennbar. Hingegen besteht im Fundus beider Albinismusbefunde variable Hypopigmentierung mit zum Teil atypischem choroidealem Gefäßverlauf im Bereich der nicht abgrenzbaren Makula- und Foveastrukturen. Beide OCT-Befunde verdeutlichen durch die nicht vorhandene Foveagrube die foveolare und makuläre Hypoplasie. OS: linkes Auge, GZA: Ganglienzellaxone, GZ: Ganglienzellen, PR: Photorezeptoren, RPE: retinales Pigmentepithel. Alle Befunde wurden in der Augenklinik Magdeburg erstellt.

1.2.1.2 Morphologie des Chiasma opticum

Die im Normalbefund teilweise Sehnervenkreuzung am Chiasma opticum bildet die Basis des binokularen Sehens (siehe Abschnitt 1.1.1). Dabei verlaufen die zur Gegenseite kreuzenden Anteile der Sehnerven medial und die gleichseitig verlaufenden Anteile der Sehnerven lateral im Chiasma opticum. Beide Anteile enthalten etwa gleich viele Fasern des Sehnerven (Neveu et al., 2006). Bei Albinismus wurden Veränderungen im Chiasma opticum bei Mensch und Tier nachgewiesen (Mensch: Creel et al., 1974; Guillery et al., 1975; Hoffmann et al., 2005; Ratten: Lund, 1965; Katzen: Creel, 1971a, 1971b; Guillery et al., 1974; Hubel & Wiesel, 1971; Tiger: Guillery & Kaas, 1973; Affe: Guillery et al., 1984). Dabei kreuzen mehr Fasern zur gegenseitigen Hemisphäre, was sich auch auf die Morphologie des Chiasma opticum niederschlägt (siehe Abb. 5; Schmitz et al., 2003). Untersuchungen zu der Sehnervenfehlkreuzung haben ergeben, dass diese in ihrem Ausmaß variabel ist (von dem Hagen et al., 2007; Creel et al., 1981; Hoffmann et al., 2005; 2003; Schmitz et al., 2004). Die Sehnervenfehlkreuzung betrifft einen zentralen vertikalen Streifen im Gesichtsfeld, je nach

I Grundlagen und allgemeine Methodik

Proband, von ±2° bis ±15° Breite. Im Mittel betrifft sie einen Streifen von ±8° Breite (Hoffmann et al., 2005, Creel et al., 1981). Diese Variabilität des Ausmaßes der Fehlkreuzung korreliert zwar nicht mit Sehschärfe und horizontaler Nystagmusamplitude (Hoffmann et al., 2005), aber mit dem Grad des Pigmentdefizites der Betroffenen (von dem Hagen et al., 2007). Je stärker das Pigmentdefizit, desto größer ist das Ausmaß der Fehlkreuzung (von dem Hagen et al., 2007). Dieser Zusammenhang wurde auch für verschiedene Tiermodelle des Albinismus nachgewiesen (Katze: Ault et al., 1995; Creel et al., 1982; Leventhal & Creel, 1985; Mäuse: Balkema & Drager, 1990; LaVail et al., 1978; Nerze: Sanderson et al., 1974).

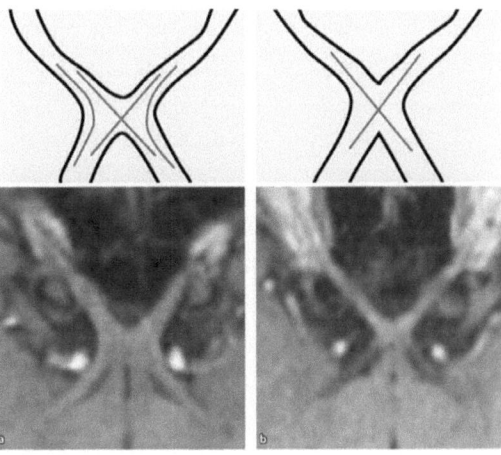

Abb. 5: Darstellung der Morphologie des Chiasma opticum bei einen Normalprobanden (a) und bei einen Albinismuspatienten (b) in einer schematischen Darstellung (obere Zeile) und in magnetresonanztomographischen T1-gewichteten Daten (untere Zeile). Bei Albinismus sind aufgrund der Sehnervenfehlkreuzung die lateral verlaufenden Sehnervenfasern reduziert, sodass im Vergleich zum Normalprobanden ein schmaleres Chiasma opticum besteht (modifiziert nach Schmitz et al., 2007).

Die Ursache für die Sehnervenfehlkreuzung bei Albinismus wird zurzeit noch diskutiert. Hierzu besagt eine ältere Hypothese, dass melaninhaltige Gliazellen am Chiasma opticum bei der Wachstumsrichtung der Sehnervenfasern in der embryonalen Phase eine Rolle spielen (Silver & Sapiro, 1981). Durch einen Melaninmangel wäre diese Steuerungsfunktion teilweise oder völlig außer Kraft gesetzt. Ferner würden Fasern der temporalen Netzhaut am Chiasma opticum fehlgeleitet werden, sodass die für Albinismus typische Sehnervenfehlkreuzung entsteht. Diese Hypothese wird gegenwärtig jedoch als Ursache der Sehnervenfehlkreuzung von vielen Wissenschaftlern abgelehnt (Colello & Jeffery, 1991; Jeffery, 1989; 2001), insbesondere da in vitro Untersuchungen keine Unterschiede zwischen dem Wachstumsmuster der Axone retinaler Ganglienzellen von albinotischen und normalpigmentierten Versuchstieren zeigen (Marcus et al., 1996). Eine aktuellere Hypothese zur Ursache der

Sehnervenfehlkreuzung besagt, dass sich bei Albinismus durch veränderte Entwicklungsprozesse der Netzhaut die Ganglienzellen verzögert differenzieren. Die Begründung liegt auf biochemischer Ebene: Bei Albinismus besteht eine veränderte Melaninsynthese, aus der ein Mangel an DOPA, einem Vorläufer des Melanins, resultiert. DOPA gilt als ein Zellwachstumsregulator (Akeo et al., 1994; Ilia & Jeffery, 1999), durch dessen fehlenden Einfluss tritt eine verspätete Differenzierung der Ganglienzellen und ihrer Axone ein (Webster & Rowe, 1991; Ilia & Jeffery, 1996). Entsprechend verlassen die Axone verspätet durch die Papille das Auge und treffen später am Chiasma opticum ein als normal. Da nicht kreuzende Axone sich normalerweise früher entwickeln als kreuzende (Murakami et al., 1982; Drager, 1985; Baker & Reese, 1993), verpassen die bei Albinismus verspäteten Axone am Chiasma opticum ihr physiologisches Zeitfenster für eine nicht kreuzende Projektion zur ipsilateralen Hemisphäre (Jeffery, 1997; 2001; Ilia & Jeffery, 1996; 1999; 2000). Diese Hypothese wird gegenwertig favorisiert (Marcus et al., 1996; Colello & Jeffery, 1991; Jeffery, 1989; 2001).

1.2.1.3 Die albinotische Sehbahnabnormalität und der visuelle Kortex

Aufgrund der Sehnervenfehlkreuzung bei Albinismus am Chiasma opticum erhält jede Hemisphäre nicht wie im Normalfall visuelle Informationen von beiden Augen (siehe Abschnitt 1.1.1), sondern vornehmlich vom gegenüberliegenden Auge. Dies resultiert daraus, dass bei Albinismus fälschlicherweise ein Teil der temporalen Netzhaut zur kontralateralen Hemisphäre kreuzt. Folglich stellt sich die Frage, wie der visuelle Kortex den abnormalen Eingang der Sehnervenfasern organisiert. In den 70er und 80er Jahren wurde diese Frage tierexperimentell ausgiebig untersucht. Dabei wurden drei verschiedene kortikale Organisationsmuster beschrieben (siehe Abb. 6); das „Boston" Muster, das „Midwestern" Muster und das „echte" Albinismusmuster (Guillery et al., 1984; Guillery 1986).

Das „Boston" Muster wurde im Kortex von Siamkatzen (Hubel & Wiesel, 1968) und in albinotischen Frettchen (Huang & Guillery, 1985; Akerman et al., 2003) ermittelt. Hierbei schließt in jeder Hemisphäre der abnormale Eingang der temporalen Netzhaut direkt an den normalen Eingang der nasalen Netzhaut an. Resultierend aus dem abnormalen Eingang wird auf separaten kortikalen Bereichen, die sich in direkter Nachbarschaft befinden, das normale kontralaterale und das abnormale ipsilaterale Gesichtsfeld repräsentiert. Das heißt, neben der normalen kortikalen Karte schließt sich aus dem abnormalen Eingang eine benachbarte retinotope Karte an, ohne die normale Repräsentation zu überlagern (Guillery et al., 1984).

I Grundlagen und allgemeine Methodik

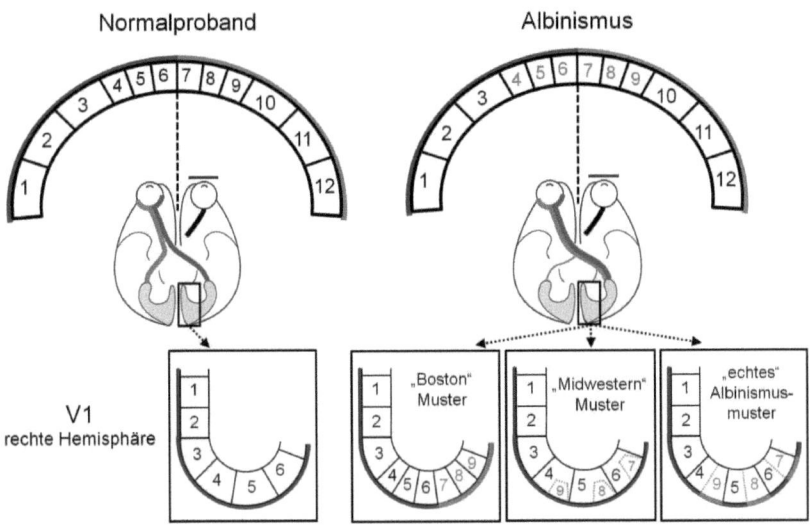

Abb. 6: Schema der kortikalen Organisationsmuster in V1 anhand der rechten Hemisphäre bei Reizung des linken Auges beim Normalprobanden und bei Albinismus. In Normalprobanden ist im primären visuellen Kortex das kontralaterale visuelle Gesichtsfeld repräsentiert. Bei Albinismus wird aufgrund der Sehnervenfehlkreuzung ein Teil des temporal aufgenommenen visuellen Eingangs abnormal weitergeleitet. Es wurden drei kortikale Repräsentationen des Gesichtsfeldes ermittelt, das „Boston" Muster, das „Midwestern" Muster und das „echte" Albinismusmuster (Erläuterungen siehe Text). Bei Menschen mit Albinismus wird die kortikale Repräsentation des „echten" Albinismusmusters angenommen (Hoffmann et al., 2003). Bis heute ist unklar warum verschiedene Tiermodelle mit Hypopigmentation verschiedene Muster der kortikalen Organisation aufweisen.

Neben dem „Boston" Muster wurde im Kortex von Siamkatzen (Kaas & Guillery, 1973) und Frettchen (Huang & Guillery, 1985) das „Midwestern" Muster ermittelt. Hier wird der abnormale Eingang der temporalen Netzhaut mit dem normalen Eingang der nasalen Netzhaut verschachtelt im Kortex angeordnet. Prinzipiell könnten zwei verschachtelte kortikale Karten der spiegelsymmetrischen Gesichtsfeldorte einen sensorischen Konflikt hervorrufen. Dieser tritt bei dem „Midwestern" Muster jedoch nicht auf, da der abnormale Eingang im Kortex supprimiert wird. Ferner besteht keine entsprechende abnormale kortikale Aktivität, sodass die retinotope Karte im primären visuellen Kortex identisch mit der von pigmentierten Säugern ist. Resultierend aus der Suppression des abnormalen Eingangs der temporalen Netzhaut kommt es zu einem Verlust der visuellen Wahrnehmung in diesen Bereichen

(Siamkatze: Guillery et al., 1974; Elekessy et al., 1973; Frettchen: Garipis & Hoffmann, 2003).

Das „echte" Albinismusmuster wurde im Kortex von albinotischen Katzen (Leventhal & Creel, 1985; Schmolesky et al., 2000), einem albinotischen Affen (Guillery et al., 1984) und Menschen mit Albinismus (Hoffmann et al., 2003; siehe Abb. 7) nachgewiesen. Es entspricht

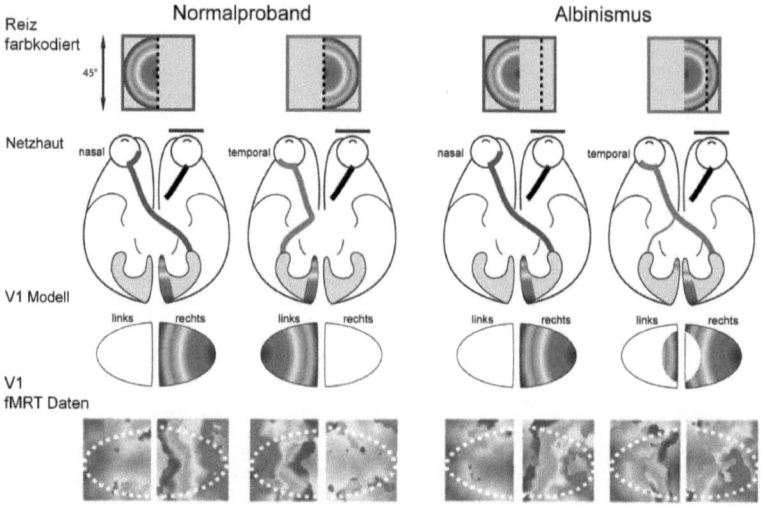

Abb. 7: Gesichtsfeldrepräsentation im primären visuellen Kortex bei Reizung des linken Auges bei einem Normalprobanden und einem Albinismuspatienten (fMRT-basierte retinotope Kartierung). Obere Zeile: schematische Darstellung der farbkodierten Reize. In separaten Durchläufen wurde das linke Auge mit einem expandierenden Ring, gefüllt mit einem kontrastinvertierenden Schachbrettmuster, im linken und im rechten Gesichtsfeld zur Exzentrizitätskartierung gereizt. Die gestrichelte Linie im Reiz deutet die Grenze der kreuzenden und nicht kreuzenden Fasern der Netzhaut an. Zweite Zeile: schematische Darstellung der Projektion der Sehnerven des linken Auges mit entsprechender Reizrepräsentation in V1. Dritte Zeile: Modell der V1-Repräsentation (zweidimensionale Darstellung). Unterste Zeile: fMRT basierte Daten der Exzentrizitätskarten in V1 (innerhalb der weißen gestrichelten Linien). Bei Albinismus wird bei Reizung im rechten Gesichtsfeld der zentrale Bereich des visuellen Reizes abnormal in der rechten Hemisphäre repräsentiert. Nur ein kleiner peripherer Bereich des Reizes wird normal in der linken Hemisphäre repräsentiert. Der rechte primäre visuelle Kortex erhält demnach spiegelsymmetrische Repräsentationen der nasalen und temporalen Netzhaut („echtes" Albinismusmuster). Zudem sind die entsprechenden Exzentrizitäten der temporalen Netzhaut sowohl für die normale als auch für die abnormale Repräsentation als geordnete Exzentrizitätskarte organisiert. Das impliziert, dass die retinotope Organisation trotz Fehlprojektion in der gegenüberliegenden Hemisphäre beibehalten wird. Abbildung modifiziert nach Hoffmann et al., 2003.

dem „Midwestern" Muster, jedoch besteht hier keine kortikale Suppression des abnormalen Eingangs der temporalen Netzhaut. Demnach sind keine Wahrnehmungsdefizite vorhanden, sodass die fehlprojizierende Netzhaut verhaltensrelevant ist. Dies belegen auch Gesichtsfeldmessungen bei Albinismuspatienten, mit denen das abnormal repräsentierte Gesichtsfeld gezielt auf Wahrnehmungsdefizite untersucht wurde (Hoffmann et al., 2007). In Einzelzellableitungen, die eine hohe räumliche Auflösung gewährleisten, wurde im Kortex albinotischer Tiere eine Trennung des abnormalen temporalen Eingangs vom normalen nasalen Eingang ermittelt. Ferner bestehen bei Albinismus gleich große kortikale Bereiche, die die beiden Halbfelder repräsentieren und somit als Halbfelddominanzsäulen fungieren. Die Neurone der kortikalen Bereiche erhalten entweder einen kontralateralen oder ipsilateralen Eingang, aber nicht beide Eingänge. Die visuellen Halbfelder werden im Kortex demnach in getrennten Bereichen alternierend repräsentiert (Guillery et al., 1984).

1.3 Ziel der Arbeit

Visuomotorische Handlungen füllen nahezu den gesamten Alltag aus. In dem Prozess der Bewegungsplanung und -vorbereitung muss das Gehirn die visuellen Informationen des Zielobjektes und die Informationen des ausgewählten Effektors, der die Bewegung ausführen soll, integrieren. Dabei spielen die Interaktionen zwischen dem posterioren parietalen Kortex und den prämotorischen Arealen eine wesentliche Rolle. Welche Areale im Detail bei diesem Prozess involviert sind und wie die genaue Verarbeitung entlang des parietofrontalen Netzwerks erfolgt, wird jedoch derzeit noch diskutiert. Daher ist es von großem Interesse das kortikale Netzwerk der visuomotorischen Integration zu identifizieren. Eine weitere Schlüsselfrage ist, wie die visuomotorische Verarbeitung erfolgt, wenn der primäre visuelle Kortex einen abnormalen Eingang erhält. Eine solche kongenitale Störung mit deutlicher Fehlprojektion der Sehnerven findet sich bei Albinismus. Aus zahlreichen Untersuchungen geht hervor, dass das fehlrepräsentierte Gesichtsfeld den visuellen Kortex aktiviert und verhaltensrelevant ist. Durch die genaue Charakterisierung der Sehbahnabnormalität kann zum einen die Erkrankung besser verstanden und dadurch eventuell neue therapeutische Ansätze in Angriff genommen werden. Ferner dient die Untersuchung dem Verständnis von plastischen Prozessen und der Selbstorganisation im visuellen Kortex des Menschen.

Die Ziele der hier vorliegenden Arbeit sind:
I. Entwicklung eines geeigneten visuomotorischen Paradigmas. Das Paradigma soll zum einen das visuomotorische kortikale Netzwerk im dorsalen Pfad aktivieren und zum anderen auch für Patienten mit reduzierter Sehschärfe geeignet sein.
II. Untersuchung des kortikalen Netzwerks, das bei Normalprobanden während der visuomotorischen Integrationsaufgaben aktiviert wird.
   1. Identifikation der Komponenten des visuomotorischen Netzwerks anhand der Lateralisierungsmuster kortikaler Antworten. Es soll geklärt werden, welche Anteile des menschlichen intraparietalen Sulcus sowohl an visueller Verarbeitung als auch motorischer Planung beteiligt sind.
   2. Identifikation der Komponenten des visuomotorischen Netzwerks anhand der kortikalen funktionellen Konnektivität. Dabei soll untersucht werden, welche Areale im menschlichen intraparietalen Sulcus stärker mit okzipito-parietalen und welche mit präzentralen Arealen funktionell verbunden sind.
III. Untersuchung des kortikalen Netzwerks, das bei Albinismuspatienten während der visuomotorischen Integrationsaufgaben aktiviert wird.
   1. Charakterisierung der Albinismuspatienten.

2. Bestimmung der Lateralisierungsmuster kortikaler Antworten in visuell angetriebenen Arealen. Dabei sollen V1 und weitere visuelle Areale auf abnormale Repräsentationen untersucht werden.
3. Bestimmung der Lateralisierungsmuster kortikaler Antworten in motorisch und somatosensorisch angetriebenen Arealen. Dabei soll untersucht werden, ob Areale im Frontallappen von der Projektionsabnormalität der Sehnerven betroffen sind.

Kapitel 2: Methodische Grundlagen

2.1 Die funktionelle Magnetresonanztomographie

Das Prinzip der funktionellen Magnetresonanztomographie beruht auf der neurovaskulären Kopplung. Die Grundlage dabei ist der Oxygenierungsgrad des Blutes, der **B**lood **O**xygen **L**evel **D**ependent (BOLD)-Effekt (Ogawa & Lee, 1990). Nimmt die neuronale Aktivität einer kortikalen Region zu, kommt es vor allem auf synaptischer Ebene zu einem erhöhten Energiebedarf, der zu einem gesteigerten Glukosemetabolismus führt. Da im Gehirn der größte Anteil an verbrauchter Glukose oxydativ metabolisiert wird, kommt es zu einem vermehrten Sauerstoffverbrauch. Durch den lokalen Sauerstoffverbrauch besteht eine erhöhte Konzentration des Desoxyhämoglobins (Hämoglobinform ohne gebundenem Sauerstoff) im Blut. Reflektorisch werden daraufhin die zuführenden Gefäße in der Region erweitert, aus der eine erhöhte Durchblutung und eine Zunahme des Oxyhämoglobins (Hämoglobinform mit gebundenem Sauerstoff) resultiert. Damit überkompensiert der regionale Blutfluss den Sauerstoffverbrauch, sodass insgesamt in Bereichen erhöhter neuronaler Aktivität eine hohe Konzentration des Oxyhämoglobins besteht. Das Oxyhämoglobin hat ähnliche magnetische Eigenschaften wie das umliegende Hirngewebe und ist diamagnetisch, während das Desoxyhämoglobin zwei ungepaarte Eisenelektronen im Hämoglobinmolekül besitzt und deshalb paramagnetisch ist. Diamagnetisches Hämoglobin hat keinen Einfluss auf das MR-Signal, während paramagnetisches Hämoglobin durch die anders als bei dem umgebenden Gehirngewebe geratenen Eigenschaften zu lokalen Feldinhomogenitäten führt. Diese beschleunigen den Zerfall der bildgebenden Quermagnetisierung angeregter Kernspins, das heißt der T2*-gewichteten Komponente, sodass es zu einer Verringerung des MR-Signals kommt (Duncan & Stumpf, 1991; Hu et al., 1997; Menon et al., 1995). Die Änderung des Anteils von Desoxy- zu Oxyhämoglobin bewirkt folglich im MR-Bild Helligkeitsveränderungen.

Der Zusammenhang zwischen neuronaler Aktivität und dem BOLD-Effekt wurde in Tierversuchen mit simultanen elektrophysiologischen und magnetresonanztomographischen Messungen nachgewiesen. Dabei wurde deutlich, dass der BOLD-Effekt am besten mit neuronaler Aktivität erklärt werden kann, die mit postsynaptischen Potentialen assoziiert ist (Logothetis et al., 2001; Shmuel et al., 2006). Unter anderem, da die neuronale Aktivität beim fMRT nicht direkt gemessen wird, sondern nur die daraus resultierenden Durchblutungsänderungen, ist das Verfahren verglichen mit elektrophysiologischen Methoden langsamer. Es bietet eine schlechte zeitliche Auflösung, dafür aber eine vergleichsweise hohe räumliche

I Grundlagen und allgemeine Methodik

Auflösung, die im Bereich von Millimetern liegt (Cohen & Bookheimer, 1994). Der zeitliche Verlauf des regionalen Blutflussanstiegs, die sogenannte hämodynamische Antwort, bestimmt die zeitliche Auflösung der Methode. Die Überkompensation des Sauerstoffgehalts ist etwa um 5-6 s zur neuronalen Aktivität verzögert (Friston et al., 1994).

2.2 Visuell evozierte Potentiale

Visuell evozierte Potentiale (VEP) sind elektrische Potentiale, die nach visueller Reizung ausgelöst werden und mit an der Kopfoberfläche über dem okzipitalen Kortex angebrachten Elektroden abgeleitet werden können. Es sind Summenpotentiale, die von den intrazellulären exzitatorischen postsynaptischen Potentialen der kortikalen Neurone generiert werden (Bach & Kellner, 2000). Das VEP ist ein Teil des Elektroenzephalogramms (EEG), welches eine Massenaktivität der Großhirnrinde widerspiegelt. Die Signale des Sehzentrums sind gegenüber dem Spontan-EEG klein, sodass sie erst nach einer reizsynchronisierten Mittelung der Daten über wiederholt dargebotene visuelle Reizdurchläufe erkennbar werden (siehe Abb. 8). Das so erhaltene VEP besteht aus positiven und negativen Potentialkomponenten, deren Abfolge vom präsentierten visuellen Reiz abhängt. In der hier vorliegenden Arbeit wurde ein Schachbrettreiz verwendet, der mit einem grauen Hintergrundbild gleicher mittlerer Helligkeit alternierte (Muster-an/aus-Reiz). Dieser Reiz ruft typischerweise ein Potential mit zwei

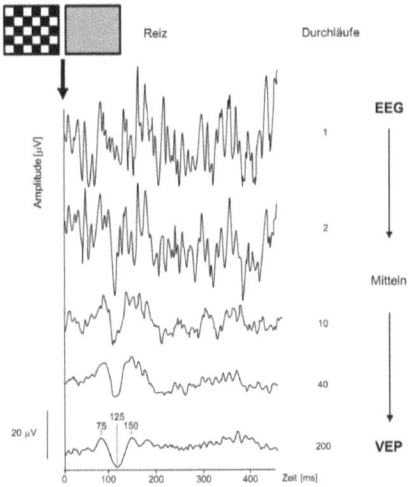

Abb. 8: Isolierung des VEP aus dem EEG. Zum Zeitpunkt Null wurde ein Muster-an/aus-Reiz präsentiert, bei dem auf dem gesamten Bildschirm Schachbrettreize mit einem grauen Hintergrund alternierten. Abgeleitet wurde an okzipitalen Hirnregionen. Durch reizsynchrone Mittelung wird nach steigender Zahl von Durchläufen das VEP mit dem für den Reiz typischen Gipfel (C1:75, C2:125 und C3:150; siehe unterste Kurve) sichtbar. Die Amplitude der VEP-Kurve ist so gering (bis maximal 20 µV), dass sie ohne Mittelung im Hintergrund-EEG meist nicht zu erkennen ist (modifiziert nach Bach, 1998).

positiven Komponenten um 75 und 150 ms (C1 und C3) und einer dazwischen liegenden negativen Komponente um 125 ms (C2) hervor (Odom et al., 2010). Dabei ist die C1-Komponente, also der VEP-Anteil bis ca. 125 ms nach Reizbeginn, eine Reaktion der elektrischen Feldschwankungen im primären visuellen Kortex (Di Russo et al., 2002). Mit diesem Reiz konnten in früheren Studien mit Nystagmuspatienten deutliche Antworten ermittelt werden (Hoffmann et al. 2005), sodass sich für Albinismuspatienten, die häufig einen Nystagmus aufweisen, der Muster-an/aus-Reiz gegenüber anderen Musterreizen beim Messen eines VEP durchgesetzt hat (Creel et al., 1981; Shallo-Hoffmann & Apkarian, 1993; Saunders et al., 1998). Der sonst in der klinischen Routine genutzte Musterumkehrreiz ist ferner ungeeignet, da diese VEPs von paradoxen Lateralisierungen betroffen sein können (Halliday et al. 1972).

2.2.1 Detektion der Sehbahnabnormalität mit VEPs

Albinismus tritt in einer Fülle unterschiedlicher phänotypischer Ausprägungen auf und ist nicht immer mit einem Pigmentdefizit von Haut und Haaren assoziiert (siehe Abb. 17). Dies erschwert die klinische Diagnose Albinismus. Das Merkmal, das jedoch Albinismus von anderen Krankheitsbildern unterscheidet, ist die vorhandene Sehnervenfehlkreuzung, die bei allen Albinismusformen vorkommt und elektrophysiologisch mit einem VEP mit sehr hoher Treffsicherheit ermittelt werden kann (Apkarian et al., 1983; Bach, 1990; Bach & Kommerell, 1991; Hoffmann et al., 2005). Bei dem elektrophysiologischen Verfahren wird ein Muster-an/aus-Reiz im Gesichtsfeld dargeboten, bei welchem auf dem gesamten Gesichtsfeld ein Schachbrettreiz mit einem grauen Hintergrund alterniert (siehe Abb. 8). Saunders und Kollegen (1998) sowie Hoffmann und Kollegen (2005) ermittelten, dass bei Nystagmus ein Muster-an/aus-Reiz optimale kortikale Antworten generiert. Dabei muss die mittlere Helligkeit des Schachbrettmusters der des grauen Hintergrundes entsprechen, da sich bei Helligkeitswechsel im Reiz das Muster-an/aus-VEP verändern würde. Die Detektion der Sehnervenfehlprojektion basiert auf dem Vergleich der interhemisphärischen Aktivierungsdifferenz nach nacheinander monokularer Reizung beider Augen. Dabei wird bipolar zwischen zwei Elektroden abgeleitet, welche über dem rechten und linken okzipitalen Kortex angebracht werden. Bei Normalprobanden aktiviert ein Auge beide Hemisphären im Allgemeinen etwa gleich stark. Im Einzelfall kann zwar auch eine ausgeprägte interhemisphärische Aktivierungsdifferenz auftreten, entscheidend ist aber, dass diese Differenz unabhängig vom gereizten Auge ist. Bei Albinismus erhält aufgrund der Sehnerven-

I Grundlagen und allgemeine Methodik

fehlkreuzung jede Hemisphäre überwiegend visuelle Afferenzen aus dem kontralateralen Auge. Die interhemisphärische Aktivierungsdifferenz fällt daher in der Regel groß aus und die Polarität dieser Differenz ist abhängig davon, welches Auge gereizt wurde. Die für Albinismus typische Sehnervenfehlkreuzung wird anhand der Polaritätsumkehr der interhemisphärischen Aktivierungsdifferenz detektiert (siehe Abb. 9; Apkarian et al., 1983).

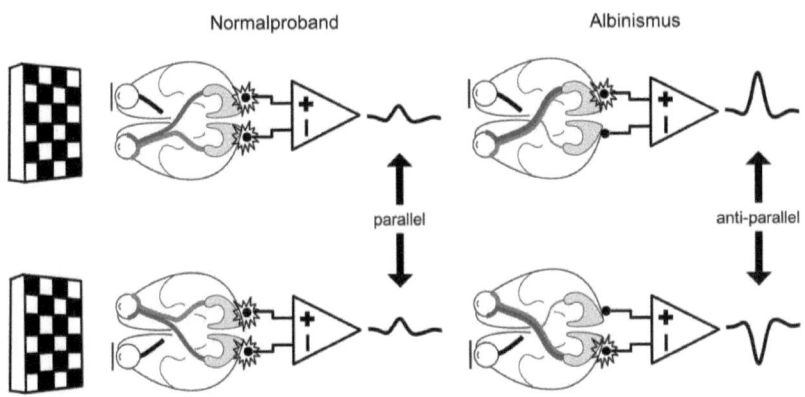

Abb. 9: Schema zur Detektion der Sehnervenfehlkreuzung mit dem Albinismus-VEP. Beim Normalprobanden werden bei Schachbrettreizung beide Hemisphären etwa gleich stark aktiviert, unabhängig davon welches Auge gereizt wurde. Die interhemisphärische Aktivierungsdifferenz ist bei beiden sequentiell monokular gereizten Augen etwa gleich mit paralleler Kurvenausrichtung. Beim Albinismus werden bei monokularer Reizung beide Hemisphären aufgrund der Sehnervenfehlkreuzung nicht gleich stark aktiviert. Jede Hemisphäre erhält überwiegend visuelle Afferenzen aus dem kontralateralen Auge. Die interhemisphärische Aktivierungsdifferenz nach Reizung des einen beziehungsweise des anderen Auges hat einen antiparallelen Kurvenverlauf.

2.3 Augenbewegungsmessungen

In der hier vorliegenden Arbeit wurden Augenbewegungen insbesondere mit der dreidimensionalen Videookulographie und dem Elektrookulogramm gemessen. Die Videookulographie beruht auf Videotechnik, während das Elektrookulogramm eine elektrophysiologische Methode ist. Beide Messverfahren dienen der Registrierung von Augenbewegungen, wie Sakkaden, glatten Fortbewegungen, Nystagmen oder auch von Lidschlägen und werden im Folgenden erläutert.

2.3.1 Die Videookulographie

Bei der dreidimensionalen Videookulographie (3D-VOG; 3D VOG Software Version 5.0, Senso-Motoric Instruments GmbH, Berlin, Germany) wird die Messung von horizontalen, vertikalen und torsionalen Augenbewegungen mit einem Videoverfahren erfasst. Die binokulare Aufzeichnung erfolgt mittels Infrarotkameras, die jeweils im Schläfenbereich an der lichtdicht abschließenden Augenmaske befestigt sind und das jeweilige Auge über einen halbdurchlässigen Spiegel aufnehmen können. Durch einen Zweikanalaufbau werden die Kameradaten jedes einzelnen Auges getrennt voneinander bearbeitet. Zunächst erfolgt an den digitalisierten Daten die Pupillenerkennung über die Helligkeitswerte im Auge. Dabei definieren die Mittelwerte niedrigster Helligkeitswerte in horizontaler und vertikaler Richtung den Mittelpunkt der schwarzen Pupille. Damit kann der Pupillenmittelpunkt verfolgt und so die horizontalen und vertikalen Augenbewegungen erfasst werden. Die torsionalen Augenbewegungen werden durch die in einem ausgewählten Irissegment unterschiedlichen Helligkeitswerte bestimmt. Die Helligkeitswerte der Irispigmentierung werden in dem Segment in bis zu 20 Einzelsegmenten abgespeichert und dienen als Referenzmarke. Mit einer Kreuzkorrelation zur abgespeicherten Referenzmarke werden die torsionalen Augenbewegungen in Echtzeit ermittelt (SensoMotoric Instruments GmbH - SMI, 2004; Scherer, 1997; Clarke et al., 1991). Die Vorteile der VOG-Diagnostik liegen in der hohen Auflösung der Daten. Die räumliche Auflösung für horizontale und vertikale Augenbewegungen beträgt 0,05° und für torsionale 0,1° (http://www.smivision.com/fileadmin/us er_upload/downloads/ product_flyer/prod_smi_3d_vog_v5.pdf). Diese Messmethode hat jedoch auch Nachteile. Zum einen würde eine erhöhte Abtastrate, die derzeit in dem System bei nur 50 Hz liegt, zu einer genaueren Bestimmung der Augenbewegungen führen. Zum anderen können unerwünschte Lidschläge sowie hängende Augenlider Störungen im Analyseprogramm auslösen.

2.3.2 Das Elektookulogramm

Das Elektrookulogramm (EOG) basiert auf der unterschiedlichen Ladungsverteilung im Auge. Die vorne liegende Hornhaut ist positiv geladen, im Vergleich zum retinalen Augenhintergrund, welcher negativ geladen ist (Arden, 1962). Dies beruht auf einer von Ionenpumpen aufrechterhaltenen Ladungstrennung durch die Bruch-Membran, welche sich am retinalen Pigmentepithel befindet und es versorgt. Dadurch entsteht ein elektrisches Potential, das etwa 6 mV von der Hornhaut zum Augenhintergrund beträgt. Das Auge stellt somit die

Eigenschaften eines Dipols dar, welcher bei Bewegung des Auges seine Orientierung ändert und so zu Spannungsänderungen an einem Ableitelektrodenpaar führt (siehe Abb. 18). Die Aufzeichnung horizontaler Augenbewegungen erfolgt mit zwei Elektroden, die links und rechts neben dem Auge platziert werden, während die Aufzeichnung vertikaler Augenbewegungen mit oberhalb und unterhalb des Auges platzierten Elektroden detektiert wird (die Rotationsbewegung des Auges um seine Längsachse ist mit dem EOG nicht aufzuzeichnen). Nachteile sind die Beeinflussung durch Fehlerquellen wie Muskelpotentiale oder unerwünschter Lidschlag (Bach, 1996b).

Kapitel 3: Methoden

In der vorliegenden Arbeit werden zwei Untersuchungen zur visuomotorischen Integration vorgestellt; eine an Normalprobanden sowie eine an Albinismuspatienten. Allgemeine Versuchsbedingungen, die für beide Untersuchungen gelten, werden im folgenden allgemeinen Methodenteil erläutert. Im speziellen Methodenteil wird auf die konkreten Versuchsbedingungen der jeweiligen Untersuchungen eingegangen.

Allgemeiner Methodenteil

3.1 Generelle Versuchsbedingungen

3.1.1 Versuchspersonen

Das Geschlecht und das Alter (Toleranz: ±3 Jahre) der Versuchspersonen beider Untersuchungen waren aneinander angepasst. Alle Teilnehmer waren Rechtshänder (überprüft nach Oldfield, 1971) und wiesen keine der Ausschlusskriterien für eine MRT-Untersuchung auf (Epilepsie, Platzangst, Schwangerschaft, Tinnitus, Tätowierungen, metallische Implantate/ Fremdkörper/ elektrische Geräte im Körper sowie durchgeführte Gefäßoperationen). Nach der Aufklärung über die Studie und nach Ausschluss der oben genannten Kontraindikationen erfolgte eine schriftliche Einverständniserklärung zur Teilnahme. Alle Versuchspersonen hatten das Recht ohne Angabe von Gründen die Studie jederzeit abzubrechen, was jedoch nicht in Anspruch genommen wurde. Die Untersuchungen erfolgten nach den Bestimmungen der Helsinki Erklärung (World Medical Association, 2000) und wurden von der Ethik-Kommission der Otto-von-Guericke-Universität Magdeburg genehmigt.

3.1.2 Paradigma

Zur Untersuchung der kortikalen Prozesse der visuomotorischen Integration, wurden die Hirnaktivitätsmuster einer visuellen Reizung und die einer darauffolgenden auf den Reiz bezogenen verzögerten motorischen Handlung betrachtet. Das visuomotorische Paradigma beinhaltete demnach zwei aufeinander folgende Phasen: eine visuelle Reizphase und eine motorische Antwortphase. Beide Phasen waren durch eine variable Verzögerung zeitlich voneinander getrennt. Ein „ge-jittertes" ereignisbezogenes Design (event-related[1] Design; Dale, 1999; Hinrichs et al., 2000; Miezin et al., 2000) wurde verwendet, um die separate Ermittlung der jeweiligen zerebralen Antworten während der visuellen Reizung und der motorischen Antwort in vier verschiedenen Versuchsbedingungen zu ermöglichen (Versuchsbedingung 1: visuelle Reizphase: linke Halbfeldreizung & motorische Antwortphase: Knopfdruck mit linkem Daumen; Versuchsbedingung 2: vice versa; Versuchsbedingung 3: visuelle Reizphase: linke Halbfeldreizung & motorische Antwortphase: Knopfdruck mit rechtem Daumen; Versuchsbedingung 4: vice versa; siehe Tabelle 1 und Abb. 10).

Tabelle 1: Darstellung der vier Versuchsbedingungen

		visuelle Reizphase	
		linkes Halbfeld	rechtes Halbfeld
motorische Antwortphase	linker Daumen	Versuchsbedingung 1	Versuchsbedingung 4
	rechter Daumen	Versuchsbedingung 3	Versuchsbedingung 2

3.1.2.1 Visuelle Reize

Das Paradigma (siehe Abb. 10) wurden in Matlab 7.3 mit der Psychophysics Toolbox 1.0.5 (Psychtoolbox; http://psychtoolbox.org/PTB-2/) auf einem Power Macintosh G4 (Mac OS 10.4; 1 GHz) in einer Auflösung von 1024 x 512 generiert. Der Ausgangszustand des Paradigmas war ein schwarzer Hintergrund (Helligkeit: 0,4 cd/m^2) mit einem zentralen roten Fixationskreuz auf einer grauen Kreisscheibe (0,6° Durchmesser). In der visuellen Reizphase wurde ein stationärer, farbiger (blau oder rot) sowie rechteckiger Zielreiz (0,5° x 0,5°) dargeboten. Dieser war in einer rechteckigen Anordnung (6,5° x 6,5°; 5,5° links oder rechts vom zentral gelegenen Fixationsziel ausgerichtet) von 30 randomisiert positionierten (Bildfrequenz: 12 Hz) rechteckigen grauen Distraktoren (0,5° x 0,5°, Helligkeit: 4,5 cd/m^2) eingebettet. Der Zielreiz und die Distraktoren wurden zusammen für 250 ms pseudorandomisiert präsentiert, entweder im linken oder im rechten visuellen Halbfeld. Der Kontrast zwischen dem schwarzen Hintergrund und den grauen Distraktoren lag bei 82% (Michelson-

---

[1] Bei einem gejitterten event-related Design werden die Ereignisse kurz, zu unterschiedlichen Zeitpunkten randomisiert dargeboten. Dabei ist die Länge des Intervalls zwischen zwei Ereignissen variabel. Jedes Ereignis ist damit von dem vorhergehenden statistisch unabhängig und es besteht keine Vorhersagbarkeit des nächsten Ereignisses. Mit diesem Design ist die Ermittlung hämodynamischer Reaktionen auf einzelne Ereignisse möglich.

Kontrast). Nach einer variablen Verzögerung wurde die zweite Phase, die motorische Antwortphase, eingeleitet, in welcher der Kreis im Zentrum seine Farbe für die Dauer von 2 s von grau zu grün wechselte. Dieses Zeichen forderte die Versuchsperson auf, per Knopfdruck entweder mit dem linken oder mit dem rechten Daumen auf einem außerhalb des Sichtfeldes gelegenen Tastenfeld (fORP-Fiber Optic Response Pad, Current Design Inc., PA, USA) eine motorische Antwort auf den zuvor dargebotenen Zielreiz abzugeben. Beide Daumen (Effektoren) hatten auf dem Tastenfeld jeweils eine Ausgangsposition zwischen zwei Knöpfen, zu der sie nach einer Reaktion stets zurückkehrten.

Eine Verzögerung (Interstimulusinterval, ISI) trennte die visuelle Reizphase von der motorischen Antwortphase. Das ISI erstreckte sich von 2,5 s bis 8,75 s in 1,25 s Schritten und betrug im Mittel 4,7 s. Die Verwendung von 1,25 s Schritten erlaubt das Abtasten der hämodynamischen Antwort mit der doppelten Abtastfrequenz, die für die Datenakquisation bei der Bildgebung benutzt wurde (TR=2,5 s; TR/2=1,25 s; TR=Repetitionszeit). Dies ist ein verbreitetes und etabliertes Verfahren und frühere Studien demonstrieren, dass dieser ‚Jitter' eine zuverlässige Trennung der verschiedenen event-related BOLD Antworten erlaubt (Dale, 1999; Hinrichs et al., 2000; Miezin et al., 2000).

3.1.2.2 Aufgabe der Versuchspersonen

Die Reize wurden monukular dem linken Auge präsentiert. Das rechte Auge war während der Messung mit einem Okklusionspflaster abgedeckt. Die Versuchspersonen wurden angewiesen, kontinuierlich das rote Kreuz in der Mitte des schwarzen Hintergrundes zu fixieren. Sie hatten die Aufgabe, sich die Farbe und die Position des in der visuellen Reizphase dargebotenen Zielreizes einzuprägen und diese Informationen nach einer variablen Verzögerung in der motorischen Antwortphase durch das Drücken des korrespondierenden Knopfes auf dem Tastenfeld wiederzugeben (siehe Abb. 10). Dabei sollte der Knopfdruck der Versuchsperson mit dem linken Effektor erfolgen, sofern zuvor ein blauer Zielreiz dargeboten wurde und mit dem rechten Effektor bei einem roten Zielreiz. Zusätzlich sollte bei einer Zielreizposition oberhalb des horizontalen Meridians der obere Knopf und bei einer Zielreizposition unterhalb des horizontalen Meridians der untere Knopf auf dem Tastenfeld gedrückt werden. Falsch gegebene Antworten wurden in der fMRT-Datenanalyse berücksichtigt, indem sie dem statistischen Modell (Abschnitt 3.1.4.2) hinzugezogen wurden.

II Experimenteller Teil

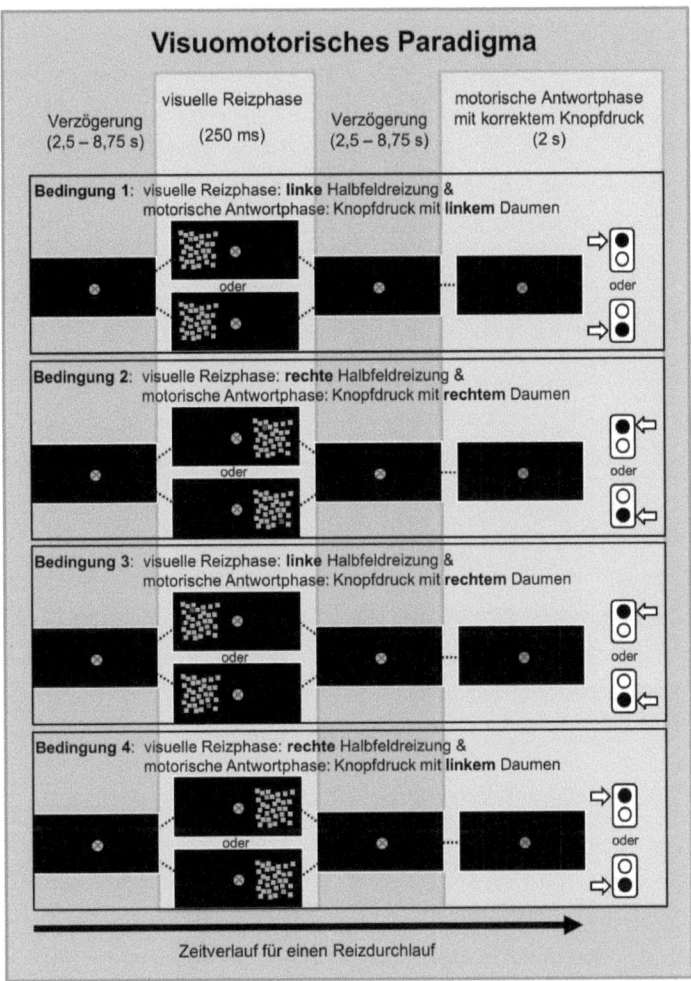

Abb. 10: Schema des visuomotorischen Paradigmas mit vier verschiedenen Versuchsbedingungen. Visuelle Reizphase: Während monokularer Fixation erscheint für 250 ms ein farbiger Zielreiz (rot oder blau) innerhalb einer Anordnung von 30 blinkenden grauen Distraktoren entweder im rechten oder im linken Halbfeld. Motorische Antwortphase: Nach einer Verzögerung von 2,5-8,75 s wurden die Versuchspersonen durch einen Farbwechsel im Fixationspunkt aufgefordert, per Knopfdruck auf einem für die Versuchsperson nicht sichtbaren Tastenfeld die Farbe und den Bereich des zuvor gezeigten Zielreizes wiederzugeben (für den roten bzw. blauen Zielreiz, mit dem rechten bzw. linken Daumen; für Zielreizpositionen im oberen bzw. unteren Halbfeld mit dem oberen bzw. unteren Knopf). Bei dem zirkulären Design folgte für insgesamt 5:20 min eine Versuchsbedingung der anderen (insgesamt 32 Durchläufe bestehend aus vier Versuchsbedingungen, die acht mal präsentiert wurden).

Vor den Messungen wurde die erfolgreiche Durchführung der Aufgabe bei zentraler Fixation mit den Versuchspersonen außerhalb des Scanners auf einem Power Macintosh G4 (Mac OS 10.4; 1 GHz) ausgiebig geübt. Zusätzlich wurde im MR-Tomographen unmittelbar vor dem eigentlichen fMRT-Experiment ein Durchlauf zur Übung geprobt. Die Versuchspersonen trugen, sofern es nötig war, im Kernspintomographen eine speziell angefertigte MR-kompatible Brille mit der jeweiligen optimalen Refraktionskorrektur.

3.1.2.3 Magnetresonanztomographische Versuchsdurchführung

Während einer magnetresonanztomographischen Messung wurden die verschiedenen Versuchsbedingungen in acht Durchläufen dargeboten. Jeder Durchlauf hatte eine Dauer von 5:20 Minuten und bestand aus 32 pseudo-randomisierten Abläufen der vier Versuchsbedingungen, um den Einfluss sequentieller Effekte zu reduzieren. Mit jedem Durchlauf wurden demnach 32 Antworten der visuellen Reizphase und 32 Antworten der motorischen Antwortphase gesammelt (siehe auch Design Matrix in Abb. 12). Das Paradigma wurde mit einer Bildfrequenz von 60 Hz über einen Videoprojektor auf eine Mattscheibe (40 x 35 cm) mit einer Auflösung von 1280 x 1024 Pixel projiziert, die sich hinter dem Tomographen befand. Der Betrachtungsabstand betrug 61 cm.

3.1.2.4 Hintergründe zum Paradigma

Das Paradigma ermöglicht die getrennte Beurteilung der Lateralisierung der visuellen Antwort einerseits und der motorischen sowie somatosensorischen Antwort andererseits. In der visuellen Reizphase aktivierten die vom Fixationsziel ausgehend linken Halbfeldreize die nasale Netzhaut, während die rechten Halbfeldreize die temporale Netzhaut reizten. Dabei wurden die Halbfeldreize ±2,3° seitlich vom Fixationsziel dargeboten. Grund dafür war, dass Albinismuspatienten meist einen horizontalen Nystagmus aufweisen, welcher Bildschwankungen auf der Netzhaut hervorruft. Durch den Abstand zwischen dem Fixationsziel und dem Halbfeldreiz sollte vermieden werden, dass nicht aufgrund der Bildschwankungen beide Netzhautbereiche gleichzeitig gereizt werden, sondern nur der jeweils vom Reiz kontralateral gelegene. Damit lag das Zentrum der Halbfeldreize ±5,5° vom Fixationsziel entfernt. Eine stärkere Entfernung vom Fixationsziel wäre nicht vorteilhaft, da bei Albinismus das zentrale und nicht das periphere visuelle Gesichtsfeld, abnormal im Kortex repräsentiert wird (Ausmaß der Fehlkreuzung im Mittel 8°; Hoffmann et al., 2005). Demnach könnte mit einem stark peripheren Reiz der abnormal repräsentierte Gesichtsfeldbereich nicht getestet werden.

II Experimenteller Teil

Die Reizbedingungen wurden pseudo-randomisiert dargeboten, sodass für die Versuchspersonen nicht vorhersehbar war, in welchem Halbfeld der nächste Reiz erscheinen würde. Durch diese pseudo-randomisierte und durch die kurze Reizpräsentation (250 ms) wurde die Versuchsperson nicht zu Augenbewegungen zu den Reizen motiviert, da dies eher zu einem Leistungsabfall als zu einer Verbesserung geführt hätte.

Das Paradigma wurde in einer niedrigen Helligkeit dargestellt (schwarzer Hintergrund: 0,4 cd/m^2; graue Distraktoren: 4,5 cd/m^2), um einerseits bei den Versuchspersonen photophobe Reaktionen zu vermeiden. Andererseits konnte so der Einfluss der nystagmusinduzierten retinalen Abbildungsbewegung auf die kortikalen Antworten bewusst reduziert werden (Tse et al., 2010). Die dargebotenen Reize lösten, trotz der kurzen Präsentationsdauer, eine robuste Aktivität insbesondere im okzipitalen visuellen Kortex aus. Um jedoch ein extensiveres okzipito-parietales visuelles Verarbeitungsnetzwerk untersuchen zu können, wurde den Versuchspersonen zusätzlich die Aufgabe gegeben in dem Reiz einen Zielreiz zu detektieren und zu lokalisieren.

Der Schwierigkeitsgrad des Paradigmas war moderat, um die Lösung der Aufgabe auch bei Versuchspersonen mit reduzierter Sehschärfe zu ermöglichen. Somit ist das Paradigma für Patientenstudien geeignet und speziell für die in dieser Arbeit untersuchten Albinismuspatienten einsetzbar. Damit der in der Peripherie auftauchende Zielreiz leicht, entweder zu dem oberen oder dem unteren Bereich relativ zum horizontalen Meridian, zugeordnet werden konnte, wurde dieser nicht in der Nähe des horizontalen Meridians dargeboten (die Zone jeweils 0,5° entlang des horizontalen Meridians).

Die Messungen wurden monokular durchgeführt. Da das linke Auge bei der Mehrzahl der Albinismuspatienten dieser Studie das dominante Auge war (siehe Tabelle 5), betrachteten alle Versuchspersonen, also auch die Normalprobanden, die Reize monokular mit dem linken Auge.

3.1.3 Magnetresonanztomographische Datenakquisition

Die Messungen wurden an einem 3 Tesla Ganzkörper Magnetresonanztomographen (Siemens Magnetom TRIO, Erlangen, Deutschland) der Neurologischen Universitätsklinik im Zentrum für Neurowissenschaftliche Innovation und Technologie (ZENIT) in Magdeburg durchgeführt. Der Tomograph war mit einem 40 mT/m Gradientensystem (Anstiegszeit von 200 mT/m/ms) und mit einer Achtkanal-Kopfspule ausgestattet. Die Messungen basierten auf

II Experimenteller Teil

dem BOLD-Effekt (siehe Abschnitt 2.1). Da Hirnareale mit erhöhter neuronaler Aktivität verstärkt durchblutet werden und somit besser mit Sauerstoff versorgt werden, kann so indirekt die neuronale Aktivität, die im folgenden Text als Aktivität bezeichnet wird, einzelner Hirnregionen bestimmt werden. Für die Messungen wurde eine T2*-gewichtete Messsequenz verwendet, die Gradientenecho-Echoplanare Bildgebung (EPI). Mit EPI-Sequenzen ist eine Viel-Schicht-Messung in wenigen Sekunden möglich. Die EPI-Sequenz hatte eine TR von 2,5 s, eine Echozeit (TE) von 30 ms, ein ‚Field of View' von 224 mm; eine Akquisitionsmatrix von 64 x 64 Pixel und einen Anregungspuls mit einem Pulswinkel von 80°.

Mit 38 T2*-gewichteten Schichten wurde das gesamte Gehirn erfasst (siehe Abb. 11). Die Positionierung der Schichten erfolgte parallel zur Verbindungslinie zwischen anteriorer und posteriorer Kommissur (AC/PC) und senkrecht zum Interhemisphärenspalt. Die Schichtdicke betrug 3,5 mm mit einem Distanzfaktor von 0%. In einer abwechselnden Folge wurden die Schichten in Zweierschritten von inferior nach superior aufgenommen (zunächst diese mit einer geraden Zahl von 2 bis 38, anschließend jene mit einer ungeraden Zahl 1 bis 37). Jeder Versuchsperson wurden die Reize zweimal in vier Blöcken mit unterschiedlicher Reizabfolge dargeboten. Dabei wurden pro Durchlauf 128 Volumina in transversaler Schichtführung akquiriert. Die Magnetfeld-Inhomogenitäten, die durch den Aufbau der Magnetisierung zu Beginn des jeweiligen Durchlaufs entstehen, wurde umgangen, indem zusätzlich fünf Sekunden (zwei Volumina) als Vorlauf aufgenommen und verworfen wurden, um Daten mit einer durchgehend stabilen Magnetisierung zu erhalten.

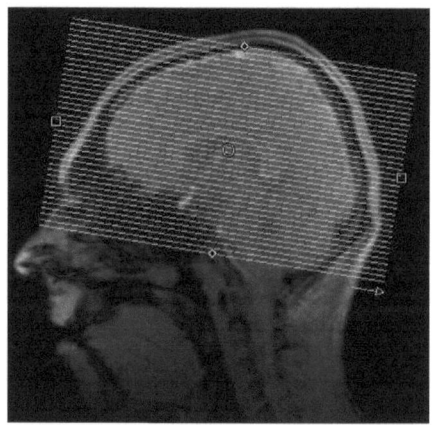

Abb. 11: Schichtführung der 38 T2*-gewichteten Ganzkopfaufnahme, parallel zur AC/PC Linie.

3.1.4 fMRT Datenanalyse

Sämtliche Rechenoperationen erfolgten auf einem mit Windows XP Professional betriebenen Rechner (32 Bit Betriebssystem, 1,49 GB Arbeitsspeicher), der mit MATLAB 7.3 (Mathworks, Natick, Massachusetts, USA) ausgestattet war. Die Daten wurden mit der auf

MATLAB basierenden Software SPM5 (http://www.fil.ion.ucl.ac.uk/spm/software; Statistical Parametric Mapping; Wellcome Department of Imaging Neuroscience, London, England) ausgewertet. Die nach der fMRT-Messung vorliegenden Daten wurden basierend auf dem Allgemeinen Linearen Modell[2] (Friston et al., 1995) auf BOLD-Signaländerungen während der Durchführung des visuomotorischen Paradigmas untersucht.

3.1.4.1 Datenvorverarbeitung

Zunächst wurde eine Phasenkorrektur der unterschiedlichen Akquisitionszeiten der EPI-Schichten innerhalb der Volumen durchgeführt (‚slice timing') und die während der Datenaufnahme entstandenen kleinen Kopfbewegungen nachträglich durch ein Interpolationsverfahren auf das erste Volumen reorientiert (‚realignment', Friston et al., 1996; Jenkinson et al., 2002). Anschließend wurden die Bilddaten der verschiedenen Versuchspersonen in einen standardisierten anatomischen Raum transformiert, damit interindividuelle Vergleiche im Sinne einer Gruppenanalyse möglich wurden (‚normalization', Voxelgröße: 2x2x2 mm). Dabei wurde ein T1-gewichteter MR-Datensatz verwendet, der vom Montreal Neurological Institut (MNI) aus 152 Gehirnen gesunder Versuchspersonen ermittelt wurde (Mazziotta et al., 1995; Ashburner & Friston, 1999). In Anlehnung an die englische Bezeichnung wird dieser Schritt auch in der vorliegenden Arbeit Normalisierung genannt. Im letzten Vorverarbeitungsschritt wurden die normalisierten Daten mit einem dreidimensionalen Gauss-Filter, dessen Halbwertsbreite (FWHM: full width half maximum) 7 mm betrug, räumlich geglättet (‚smoothing').

3.1.4.2 Statistik

Die statistische Analyse der vorverarbeiteten Daten wurde voxelweise in einem zweistufigen Mixed-Effekt-Modell (Friston et al., 2005) durchgeführt. In der ersten Stufe des Modells erfolgte eine Datenermittlung auf Einzelprobandenniveau. In SPM wurde ein theoretisch vorhersehbarer Zeitverlauf der kortikalen BOLD-Antwort erstellt, um diesen später mit dem

---

[2] Das Prinzip des Allgemeinen Linearen Modells ist, dass sich ein beobachteter Wert Y (Werte der Voxelzeitreihe) durch eine Linearkombination von gewichteten erklärenden Variablen Xß (X: Regressorvariablen; ß: Parametergewicht) beschreiben lässt. In der Praxis lässt sich Y jedoch nie vollständig auf die Variablen Xß zurückführen, daher wird in dem Modell zusätzlich der Fehlerterm ε beschrieben. Die ß-Gewichte sowie der Fehlerterm werden im Allgemeinen Linearen Modell so geschätzt, dass der Fehlerterm minimal wird: $Y = X * ß + ε$

tatsächlichen Zeitverlauf zu vergleichen. Dabei wurde jeder Beginn eines Ereignisses des Paradigmas mit einer Einheitsimpulsfunktion (Delta-Funktion für Einzelereignisse: ein Impuls, dessen Fläche auf Eins normiert ist) modelliert (Josephs & Henson, 1999). Anschließend wurden diese Einheitsimpulsfunktionen mit einer kanonischen hämodynamischen Antwortfunktion (HRF: hemodynamic response function) gefaltet, um die Antwortcharakteristik des BOLD-Effektes und seine zeitliche Verzögerung zur ursächlichen neuronalen Aktivität (Maximum des BOLD-Effektes ist ca. 5-6 s nach Ereignisbeginn zu erwarten) in das Modell einzubeziehen. Das heißt, die Trägheit der hämodynamischen Antwort wurde auf das Paradigma angepasst, anstatt nur die reine Abfolge der Paradigmaereignisse wiederzugeben (Friston et al., 1994). Die resultierenden Zeitverläufe dienten als Regressoren für ein Allgemeines Lineares Modell und wurden in SPM5 zusammen mit den, falls verursacht, falsch gedrückten Antworten während des Experiments, den sechs Bewegungsparametern, erhalten aus dem ‚realignment'-Schritt der Datenvorverarbeitung, sowie einer einzelnen Konstante für den Mittelwert über die jeweiligen Durchläufe, in einer Matrix zusammengefasst (siehe Abb. 12). Diese Matrix, die aus Linearkombinationen besteht und ein experimentelles Design kodiert, wird als Designmatrix bezeichnet.

Die Spalten der Designmatrix bestehen aus Effekten von Interesse und Effekten von Desinteresse (‚effects of interest' und ‚effects of no interest'). Die effects of interest beinhalten die Paradigmaereignisse, wobei jede Spalte für ein anderes Ereignis steht. Die effects of no interest sind einerseits die Bewegungsparameter, die zu dem Modell hinzugezogen wurden, um Effekte der Kopfbewegungen zu reduzieren (Friston et al., 1996) sowie andererseits, falls verursacht, falsch gedrückte Antworten während der Versuchsbedingungen. Die Zeilen der Designmatrix stehen für den zeitlichen Messverlauf, der von oben nach unten fortschreitet. Für jeden der acht Messdurchläufe wurde jeweils eine Designmatrix erstellt und damit für jedes Voxel eine Regressionsgleichung errechnet, bei der Betagewichte über die Methode der kleinsten Quadrate ermittelt wurden. Die Betagewichte geben die Steigung der jeweiligen Regressoren an und können als Effektgröße betrachtet werden. Zusätzlich enthält jede Regressionsgleichung einen Fehlerterm (Rauschen), der die Differenz zwischen dem Modell und den Datenpunkten enthält und somit jenen Anteil der Daten beschreibt, der durch das Modell nicht erklärt werden kann.

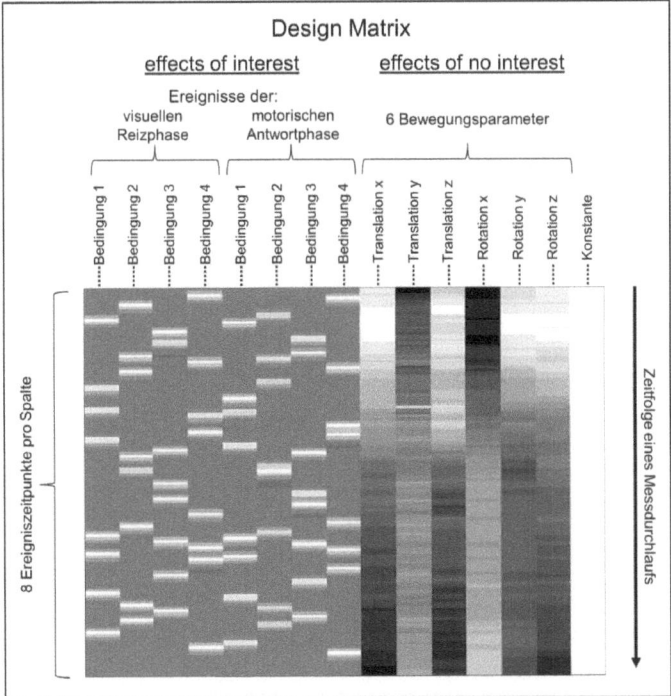

Abb. 12: Design Matrix eines von insgesamt acht Messdurchläufen der ersten Stufe des Mixed-Effekt-Modells, bestehend 1. aus zeitlich definierten Paradigmaereignissen, 2. aus Bewegungsparametern, um die Effekte der Kopfbewegungen zu reduzieren und 3. aus einer Konstanten, um Mittelwertschwankungen auszugleichen (Details siehe Text).

Aufgrund der Tatsache, dass der BOLD-Effekt sehr klein ist, liefert erst der statistische Vergleich der Effektgröße mit dem verbleibenden Rauschen Aussagen darüber, ob es sich um Auswirkungen der jeweiligen Versuchsbedingung oder um ein Zufallsprodukt handelt. Dabei gilt: Je stärker die Effektgröße und je kleiner der Fehlerterm, desto sicherer ist die Aussage. Die statistischen Vergleiche wurden mittels linearer Kontraste getestet, die jeweils für jede Versuchsperson erstellt wurden. Ein Kontrast ist ein benutzerspezifischer Vektor und kodiert basierend auf den Spalten der Designmatrix die Lokalisation der effects of interest. Jeder Kontrast liefert für jedes Voxel einen t-Wert. Je höher dieser Wert ist, desto stärker ist die Aussage, dass diese Effektgröße nicht zufällig zustande kommt.

In der zweiten Stufe des Modells wurde eine vergleichende Untersuchung mehrerer Versuchspersonen mittels t-Statistik durchgeführt. Die erstellten Kontrastbilder der ersten

Stufe wurden für das gesamte Versuchspersonenkollektiv in Random-Effekt-Gruppenanalysen weiter untersucht. Die Random-Effekt-Analyse berücksichtigt die interindividuelle Variabilität der Daten und erlaubt allgemeingültige Rückschlüsse auf eine Population (Friston et al., 1998; Friston et al., 2005). Der jeweilige Gesamteffekt der Vergleiche der effects of interest wurde anhand einer jeweils neuen Designmatrix, die die berechneten Kontrastbilder aller Versuchspersonen pro Untersuchung enthielt, voxelweise mit t-Tests ermittelt.

Ergebnisse der individuellen Analyse sowie die der Gruppenanalyse sind dreidimensionale inteferenzstatistische Karten des gesamten Gehirns, sogenannte SPMs ('statistical parametric maps'), die für jedes Voxel einen entsprechenden t-Wert enthalten. Die statistischen Ergebnisse lassen sich farbkodiert auf die anatomische MNI-Referenz projizieren, wobei „aktivierte" Hirnregionen farbig dargestellt werden.

II Experimenteller Teil

Spezieller Methodenteil

3.2 Visuomotorische Integration bei Normalprobanden

3.2.1 Normalprobanden

14 gesunde Normalprobanden im Alter von 24 bis 44 Jahren (Durchschnittsalter 33 Jahre; sechs Frauen) wurden für diese Studie rekrutiert. Alle Teilnehmer wiesen, wenn nötig mit einer Refraktionskorrektur, eine normale Sehschärfe (Visus $\geq 1,0$) auf [gemessen mit dem Freiburger Visustest (Bach, 1996a)].

3.2.2 Auswertung der Verhaltensdaten

Bei der visuomotorischen Aufgabe wurden die Verhaltensdaten während der fMRT-Messung erhoben und die Anzahl der richtigen Antworten, die Trefferquote, der vier Versuchsbedingungen ermittelt. Anschließend wurden im Rahmen einer Gruppenanalyse die richtigen Antworten jeder Versuchsbedingung über die 14 Normalprobanden gemittelt und jeweils der Standardfehler (±SEM) berechnet (siehe Abb. 23 im Ergebnisteil). Mit einer einfachen Varianzanalyse (ANOVA) für Messwiederholungen wurden die Trefferquoten der vier Versuchsbedingungen mit dem Statistikprogramm SuperANOVA 1.11 (Abacus Concepts Inc., CA, USA) auf signifikante Unterschiede geprüft.

3.2.3 fMRT-basierte Datenanalyse

Im Folgenden ist die statistische Auswertung der kortikalen Daten aufgeführt. In Abschnitt 3.2.3.1 wird erläutert, wie Übersichtskarten der Lateralisierungen der kortikalen Antworten auf die visuelle und motorische Reizung erstellt wurden. Weiterhin wird die ROI-Analyse zur Quantifizierung der BOLD-Antworten beschrieben (Abschnitt 3.2.3.2). Die Ermittlung funktioneller Konnektivität beschreibt Abschnitt 3.2.3.3.

3.2.3.1 BOLD-Antworten – Übersicht

Für eine Übersicht der BOLD-Antworten der effects of interest wurden zunächst auf Einzelprobandenniveau im Mixed-Effekt-Modell kategoriale Vergleiche erstellt. Die Daten der visuellen Reizphase wurden dafür zum gereizten Halbfeld zusammengefasst, unabhängig vom Effektor, der in der bevorstehenden motorischen Antwortphase benutzt werden sollte. Die effects of interest waren zum einen der kategoriale Vergleich der beiden visuellen

II Experimenteller Teil

Halbfeldreizungen versus Ruhe (linke Halbfeldreizung: zusammengefasste Daten der Versuchsbedingungen 1 und 3 versus Ruhe; rechte Halbfeldreizung: zusammengefasste Daten der Versuchsbedingungen 2 und 4 versus Ruhe) und zum anderen der Vergleich visuelle Halbfeldreizungen gegeneinander [linke versus rechte Halbfeldreizung: (zusammengefasste Daten der Versuchsbedingungen 1 und 3) versus (zusammengefasste Daten der Versuchsbedingungen 2 und 4); rechte versus linke Halbfeldreizung: (zusammengefasste Daten der Versuchsbedingungen 2 und 4) versus (zusammengefasste Daten der Versuchsbedingungen 1 und 3)].

Die Daten der motorischen Antwortphase wurden für die kategorialen Vergleiche zum verwendeten Effektor zusammengefasst, unabhängig vom Halbfeld, welches in der vorangegangenen visuellen Reizphase gereizt wurde. Die effects of interest waren zum einen der kategoriale Vergleich der beiden Effektoren versus Ruhe (linker Effektor: zusammengefasste Daten der Versuchsbedingungen 1 und 4 versus Ruhe; rechter Effektor: zusammengefasste Daten der Versuchsbedingungen 2 und 3 versus Ruhe) und zum anderen der Vergleich der Daumen gegeneinander, die jeweils den korrekten Knopfdruck ausführten [Knopfdruck mit linkem versus rechtem Effektor: (zusammengefasste Daten der Versuchsbedingungen 1 und 4) versus (zusammengefasste Daten der Versuchsbedingungen 2 und 3); Knopfdruck mit rechtem versus linkem Effektor: (zusammengefasste Daten der Versuchsbedingungen 2 und 3) versus (zusammengefasste Daten der Versuchsbedingungen 1 und 4)].

In der Random-Effekt-Gruppenanalyse wurden die oben aufgeführten, auf Einzelprobandenniveau erstellten, Kontrastbilder weiter untersucht. Der Gesamteffekt der jeweiligen effects of interest der 14 Normalprobanden wurde voxelweise mit one-sample t-tests ermittelt (siehe Abb. 24 und 26 im Ergebnisteil). Das Signifikanz-Niveau der Gruppenanalyse wurde auf den p-Wert (p) $\leq 0,001$ unkorrigiert für multiples Testen mit einer Mindestgröße der Aktivierungsbereiche (Cluster) von ≥ 50 Voxeln festgelegt.

3.2.3.2 ROI-Analyse

Für eine quantitative Beurteilung der BOLD-Antworten bei den verschiedenen Versuchsbedingungen wurden diese gezielt in elf interessierenden Hirnregionen (ROIs: regions of interest) in jedem Normalprobanden näher untersucht. Bei den ROIs handelt es sich um okzipito-parietale (V1: primärer visueller Kortex, MT: mittlerer temporaler Kortex, IPSt/p/m/a: intraparietaler Sulcus terminal/posterior/medial/anterior), motorische (PMa/p: prämotorisches Areal anterior/posterior; SMA: supplementär-motorisches Areal; M1:

II Experimenteller Teil

primärer motorischer Kortex) und somatosensorische Areale (S1: primär somatosensorischer Kortex). Für die ROI-Analyse wurden die MNI-Koordinaten der genannten Areale zunächst im Kortex lokalisiert, anschließend mit der in SPM integrierten Toolbox MarsBaR 0.41 (MARSeille Boîte À Région d'Intérêt-Devel; Brett et al., 2002) im stereotaktischen Raum als kugelförmige Volumen definiert und prozentuale Signaländerungen bei bestimmten Versuchsbedingungen quantifiziert. Diese wurden in anschließenden statistischen Untersuchungen auf Signifikanz überprüft. Das gesamte Verfahren wird im Folgenden detailliert erläutert.

Die Lokalisation der MNI-Koordinaten der Areale V1, S1, M1, PMa, PMp und SMA erfolgte mit der in SPM integrierten Toolbox Wake Forest University-Pickatlas 2.1 (WFU PickAtlas 2.1, zu erhalten unter: http://fmri.wfubmc.edu/cms/software; Maldjian et al., 2004; 2003). Der WFU PickAtlas benutzt eine automatisierte Atlas-basierte Maskierungstechnik und macht so eine Darstellung einzelner Aktivierungskarten von ausgewählten Hirnregionen möglich. Innerhalb des jeweils ausgewählten Areals wurde das lokale Aktivitätsmaximum aus den gruppierten Antworten aller Normalprobanden und über alle Versuchsbedingungen entweder der visuellen Reizphase (für V1) oder der motorischen Antwortphase (für S1 und die motorischen Areale) ermittelt. Durch die Quantifizierung der lokalen Maxima aus den gruppierten Antworten über alle Versuchsbedingungen sollten Verzerrungen bezüglich einer spezifischen Versuchsbedingung vorgebeugt werden. Für die Ermittlung der ROI-Zentren von MT sowie der IPS-Areale wurde das nächstgelegene lokale Maximum jeweils zu den von Dumoulin und Kollegen (2000) sowie Swisher und Kollegen (2007; siehe Abb. 3) publizierten Arealkoordinaten bestimmt. Im Rahmen dieser Arbeit wurde ein besonderes Augenmerk auf den intraparietalen Sulcus gerichtet. Die IPS-Koordinaten nach Swisher und Kollegen (2007) wurden retinotop ermittelt (siehe Abb. 3) und durch andere retinotope Kartierungsstudien mit ähnlichen IPS-Koordinaten (Hagler et al., 2007; Konen & Kastner, 2008a; Levy et al., 2007; Silver et al., 2005) untermauert. Die geringen Koordinatendifferenzen zwischen den publizierten Studien basieren auf der individuellen Variation der Lage der IPS-Areale zwischen den Normalprobanden. Solche Effekte der interindividuellen Areal-Variabilität werden in Studien mit einer verhältnismäßig großen Anzahl an Normalprobanden kompensiert, wie in der verwendeten Referenzstudie von Swisher (n=20) sowie auch in der hier vorliegenden Arbeit (n=14).

Ein Vergleich der in dieser Arbeit sowie der von Swisher und Kollegen (2007) ermittelten IPS-ROI-Positionen ist in Abbildung 13 dargestellt. Die mittlere Distanz zwischen dem in dieser Arbeit bestimmten IPSt und Swishers IPS0 betrug 7 mm, ebenso wie die von dem ermittelten IPSp und Swishers IPS1. Zwischen den eruierten IPSm-Koordinaten und Swishers IPS2 bestand eine mittlere Distanz von 5 mm. Die jeweilige mittlere Distanz der lokalen Maxima zu den publizierten Referenzkoordinaten lag stets innerhalb der angegebenen Standardabweichung. Sie wird daher als Äquivalent zu Swishers IPS-Arealen angesehen. Auch die mittlere Distanz von IPSa lag innerhalb der Standardabweichung von Swishers IPS3, jedoch ebenso innerhalb der von Swishers IPS4 (jeweils 6 mm). Daher kann nicht differenziert werden, welches dieser zwei Areale in dem in der vorliegenden Arbeit untersuchten IPSa dominiert.

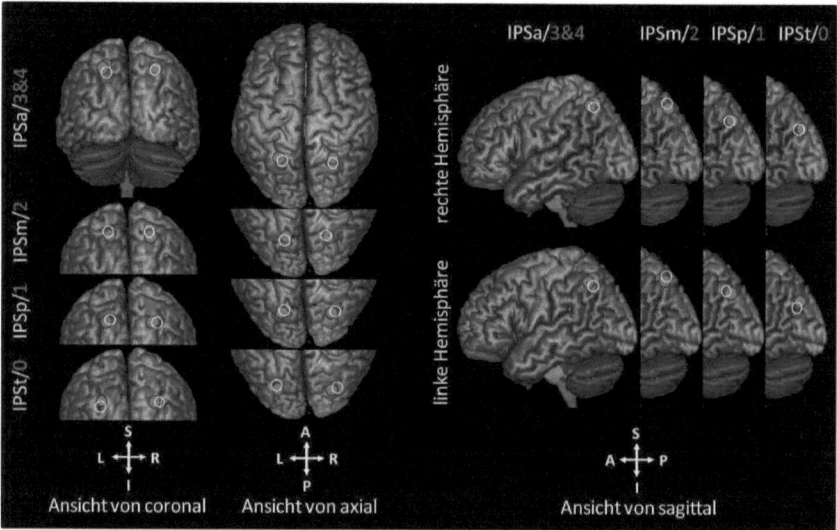

Abb. 13: Darstellung der jeweiligen ROI-Positionen im intraparietalen Sulcus aus der coronalen, axialen und sagittalen Perspektive. In blau sind die Positionen der Referenzregionen IPS0, IPS1, IPS2, IPS3 und IPS4 nach Swisher und Kollegen (2007) dargestellt, in weiß die Positionen der in dieser Arbeit ermittelten, zu den Referenzregionen nächstgelegenen lokalen Maxima. Der Übersicht halber wurden die jeweils korrespondierenden ROIs in mehreren Hirnbildern aufgezeigt.

Die Äquivalenz der retinotop definierten IPS-Areale von Swisher und Kollegen (2007) mit den hier ermittelten Aktivitätsmaxima ist naheliegend, jedoch nicht definitiv. Daher wurde in dieser Arbeit nicht die in der Literatur übliche nummerische IPS-Nomenklatur (IPS0/1/2/3/4), sondern eine anatomische Nomenklatur (IPSt=terminal/p=posterior/m=medial/a=anterior)

II Experimenteller Teil

verwendet. Damit wird deutlich gemacht, dass die intraparietalen Areale in der vorliegenden Arbeit durch anatomische und nicht auf Grundlage funktionell-topographischer Kriterien definiert wurden.

Die MNI-Koordinaten des jeweiligen lokalen Maximums stellten das Zentrum des dann im zweiten Schritt in MarsBaR definierten ROIs dar. Die MNI-Koordinaten der insgesamt elf ROIs beider Hemisphären sowie deren Radien sind in Tabelle 2 aufgeführt. Da die Größe der intraparietalen und frontalen Areale jeweils kleiner ist als die von V1 und MT, wurde ihr ROI-Radius kleiner gewählt. Einige der ROI-Positionen sind in Abbildung 24 und in Abbildung 26 im Ergebnisteil eingezeichnet.

Tabelle 2: MNI-Koordinaten der ermittelten ROIs bei den Normalprobanden (für Abkürzungen siehe Text oder Abkürzungsverzeichnis)

Hirnregion	rechte Hemisphäre			linke Hemisphäre			ROI-Radius
	x	y	z	x	y	z	
V1	10	-88	-2	-10	-90	2	10 mm
MT	46	-74	8	-44	-74	0	10 mm
IPSt	32	-76	32	-28	-74	26	5 mm
IPSp	30	-70	40	-18	-66	42	5 mm
IPSm	20	-68	56	-20	-72	56	5 mm
IPSa	26	-60	51	-22	-60	48	5 mm
PMa	28	-6	54	-34	-6	54	5 mm
PMp	32	-14	62	-30	-14	62	5 mm
SMA	5	-8	52	-5	-14	56	5 mm
M1	38	-24	58	-34	-25	57	5 mm
S1	43	-28	50	-42	-26	48	5 mm

Für die in Tabelle 2 aufgeführten 11 ROIs wurden in MarsBaR die BOLD-Antworten bei jedem Normalprobanden und für jede Versuchsbedingung quantifiziert. Dabei wurde im Gegensatz zum voxelweisen statistischen Testen (siehe Abschnitt 3.1.4.2) eine Analyse über ein gesamtes Kollektiv von Voxeln innerhalb des ROIs durchgeführt. Hierzu wurde zunächst eine Versuchsbedingung rekonstruiert und über die Voxel innerhalb des ROIs ein Mittelwert der Peak-BOLD-Antworten (Betagewichte, die im Allgemeinen Linearen Modell spezifiziert wurden) berechnet. Anschließend wurde dieser durch die gemittelte Grundaktivität des ROIs geteilt und das Ergebnis mit 100 multipliziert. Die dadurch mit MarsBaR ermittelte prozentuale BOLD-Signaländerung relativ zur Grundaktivität kann dabei als Effektstärke betrachtet werden und wird im folgenden Text auch als BOLD-Antwort bezeichnet (Brett et al., 2002).

II Experimenteller Teil

Anhand der ermittelten Werte galt es statistisch zu überprüfen, ob die BOLD-Antworten der visuellen Reizphase a) zum visuellen Halbfeldreiz und b) zum antwortenden Effektor, mit dem in der bevorstehenden motorischen Antwortphase gedrückt werden sollte, lateralisiert ist. Ebenfalls sollten die BOLD-Antworten der motorischen Antwortphase auf Lateralisierung zum a) visuellen Halbfeldreiz der vorausgegangenen visuellen Reizphase und b) zum antwortenden Effektor geprüft werden. Dafür wurden die pro Hemisphäre quantifizierten BOLD-Antworten der visuellen Reizphase und der motorischen Antwortphase nach kontralateraler und ipsilateraler Lage einerseits zum Reiz und andererseits zum Effektor sortiert und jeweils mit dem Datenanalyseprogramm IGOR Pro 5.01 wie folgt gemittelt (siehe Abb. 14): I) BOLD-Antworten kontralateral zum Reiz: Berechnung des Mittelwerts aus den Daten der rechten Hemisphäre bei linker visueller Halbfeldreizung (zusammengefasste Daten der Versuchsbedingung 1 und 3) und den Daten der linken Hemisphäre bei rechter visueller Halbfeldreizung (zusammengefasste Daten der Versuchsbedingung 2 und 4). II) BOLD-Antworten kontralateral zum Effektor: Berechnung des Mittelwerts aus den Daten der rechten Hemisphäre beim Knopfdruck mit linkem Effektor (zusammengefasste Daten der Versuchsbedingung 1 und 4) und Daten der linken Hemisphäre beim Knopfdruck mit rechtem Effektor (zusammengefasste Daten der Versuchsbedingung 2 und 3). III) BOLD-Antworten ipsilateral zum Reiz: Berechnung des Mittelwerts aus den Daten der rechten Hemisphäre bei rechter visueller Halbfeldreizung (zusammengefasste Daten der Versuchsbedingung 2 und 4) und den Daten der linken Hemisphäre bei linker visueller Halbfeldreizung (zusammengefasste Daten der Versuchsbedingung 1 und 3). IV) BOLD-Antworten ipsilateral zum Effektor: Berechnung des Mittelwerts aus den Daten der rechten Hemisphäre beim Knopfdruck mit rechtem Effektor (zusammengefasste Daten der Versuchsbedingung 2 und 3) und den Daten der linken Hemisphäre beim Knopfdruck mit linkem Effektor (zusammengefasste Daten der Versuchsbedingung 1 und 4).

Über die für jeden Normalprobanden zusammengefassten Daten wurden im Rahmen einer Gruppenanalyse pro ROI Mittelwerte ±SEM berechnet. Anschließend wurde für jede ROI statistisch geprüft, ob sich die kontralateralen von den ipsilateralen BOLD-Antworten der visuellen Reiz- und der motorischen Antwortphase signifikant unterscheiden. Dafür wurden in dem Statistikprogramm SuperANOVA 1.11 dreifaktorielle ANOVAs für Messwiederholungen durchgeführt. Folgende Faktoren lagen dieser Berechnung zugrunde: *visuelles Halbfeld* (rechts und links), *verwendeter Effektor* (rechts und links) und *Hemisphäre* (ipsilateral und kontralateral entweder zum visuellen Reiz oder zum antwortenden Effektor). In dieser Analyse waren zwei Interaktionen von besonderem Interesse; *visuelles Halbfeld x*

II Experimenteller Teil

Hemisphäre und *verwendeter Effektor x Hemisphäre*. Die erste Interaktion zeigt, ob die ROI-BOLD-Antworten signifikant von der Lateralisierung des visuellen Reizes abhängen, die zweite Interaktion, ob sie signifikant von der Lateralisierung des Effektors abhängen. Die Signifikanz-Niveaus wurden wie folgt angegeben: ****: p≤0,0001, ***: p≤0,001, **: p≤0,01.

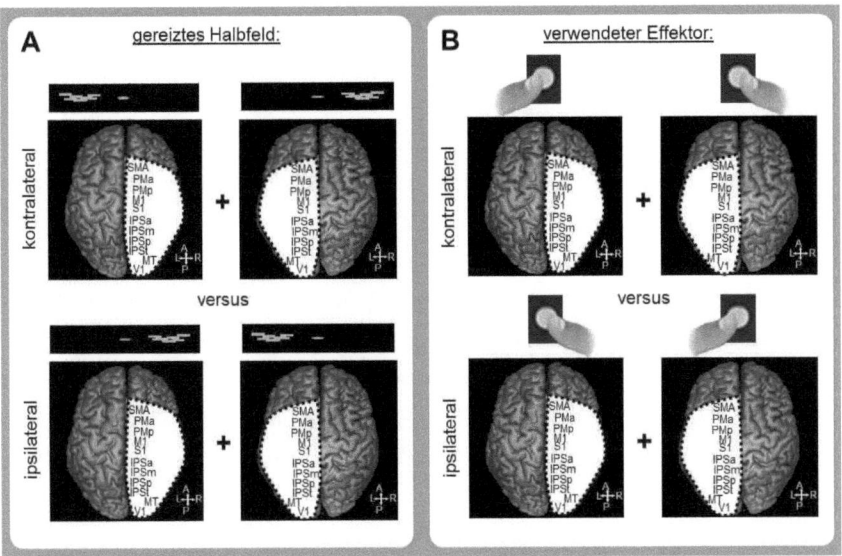

Abb. 14: Darstellung der durchgeführten ROI-Datenverarbeitung. A: Mittelung („+") der kontralateralen und Mittelung der ipsilateralen ROI-BOLD-Antworten zum Reiz. B: Mittelung der kontralateralen und Mittelung der ipsilateralen ROI-BOLD-Antworten zum Effektor. Die Daten aus A und B wurden für jedes ROI separat quantifiziert und anschließend mit einer pro ROI berechneten ANOVA auf Signifikanz geprüft (kontralateral versus ipsilateral; Erläuterungen siehe Text).

3.2.3.3 Auswertung der funktionellen Konnektivität

Es wurde eine Regressionsanalyse durchgeführt, um die funktionelle Konnektivität zwischen einen Referenz-ROI mit anderen Hirnregionen zu untersuchen. Bei dieser Analyse lag der Schwerpunkt auf den Arealen des intraparietalen Sulcus, die als Referenzregionen dienten und untersucht wurde, mit welchen Arealen diese funktionell verbunden sind. Hierfür wurden zwei Ansätze unternommen. Im ersten Ansatz wurde übersichtshalber zu jeder Referenzregion in SPM5 eine Korrelationskarte generiert. Dabei wurde der zeitliche Signalverlauf aller Voxel im Hirn nach Ähnlichkeit zur jeweiligen Referenzregion statistisch geprüft. Im zweiten Ansatz wurde mit einigen ausgewählten Regionen eine lineare Korrelationsbestimmung nach Pearson durchgeführt, bei der die zeitlichen Signalverläufe von je zwei unterschiedlichen Hirnregionen miteinander korreliert wurden. Anschließend wurde in einer Detailanalyse statistisch überprüft, ob die BOLD-Zeitverläufe der Referenzareale IPSt und IPSa jeweils signifikant stärker mit denen der visuellen oder der motorischen Areale korrelieren.

3.2.3.3.1 Funktionelle Konnektivitätsanalyse – Übersicht

Die Analyse der funktionellen Konnektivität erfolgte mit SPM5 in drei Schritten: Im ersten Schritt der Datenanalyse wurde die BOLD-Antwort, die um die effects of no interessts bereinigt wurde, im Verlauf über die Dauer eines Messdurchlaufes für die in Tabelle 2 aufgeführten IPS-ROIs (IPSt, IPSp, IPSm und IPSa) extrahiert (siehe Abb. 15). Dabei wurde durch Mittelung über alle Voxel eines ROIs jeweils eine Zeitreihe erhalten. So wurden für jeden Normalprobanden und jeden der acht Messdurchläufe separate Zeitreihen extrahiert (896 Zeitreihen: 14 Normalprobanden x 8 Durchläufe x 4 ROIs x 2 Hemisphären). Im zweiten Schritt der Datenanalyse wurde separat für jeden Normalprobanden eine Analyse (Analyse der ersten Stufe) nach dem Allgemeinen Linearen Modell (siehe Abschnitt 3.1.4.2) durchgeführt. Dafür ergaben die vier extrahierten Zeitreihen pro Hemisphäre zusammen mit den sechs Bewegungsparametern (ermittelt aus dem realignment, reduzieren die Effekte der Kopfbewegung) und einer Konstante (repräsentiert den Mittelwert der jeweiligen Durchläufe) eine fünfzehn-spaltige Designmatrix pro Messdurchlauf. Die statistische Prüfung führt zu einer Korrelationskarte auf Einzelprobandenniveau, bei der jeweils die Zeitreihen der ROIs mit denen jedes einzelnen Voxels auf ihre Ähnlichkeit verglichen wurden. Für jeden Normalprobanden wurden vier Kontrast-Bilder erstellt, um die bilaterale funktionelle Konnektivität für jedes Referenz-ROI zu ermitteln. Im dritten Schritt der Datenanalyse wurde aus den Resultaten der Einzelprobanden eine Random-Effekt-Gruppenanalyse (Analyse der zweiten Stufe) nach dem Allgemeinen Linearen Modell (siehe Abschnitt 3.1.4.2) durchgeführt. Die Regionen, welche signifikant mit den Zeitreihen der ROIs funktionell verbunden sind, wurden mit einem one-sample t-test pro ROI ermittelt. Die Korrelationskarte verdeutlicht auf

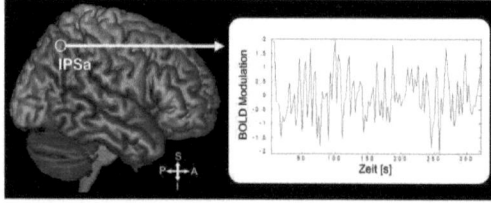

Abb. 15: Darstellung einer extrahierten Zeitreihe am Beispiel des ROIs IPSa. Die Zeitreihe zeigt die BOLD-Modulation im Verlauf der Dauer des visuomotorischen Paradigmas.

II Experimenteller Teil

Gruppenniveau, welche Hirnregionen stark oder schwach mit dem jeweiligen Referenz-ROI funktionell verbunden sind. Das Signifikanz-Niveau der Gruppenanalyse wurde auf p≤0,001 festgelegt, korrigiert für false-detection-rate (FDR[3]), mit einer Mindestclustergröße von ≤30 Voxeln (siehe Abb. 28).

3.2.3.3.2 Funktionelle Konnektivitätsanalyse – Detailanalyse

Im zweiten Ansatz der Ermittlung der funktionellen Konnektivität zwischen den Hirnarealen wurde untersucht, welche visuellen und motorischen ROIs der Tabelle 2 stärker mit IPSt beziehungsweise mit IPSa korrelieren. Für diese Analyse wurden zusätzlich die Zeitreihen der in Tabelle 2 aufgeführten V1-, MT-, PMa-, PMp- und SMA-ROIs nach dem gleichen Verfahren wie im Abschnitt 3.2.3.3.1 extrahiert. Anschließend wurden mit den extrahierten Zeitreihen Pearson-Korrelationskoeffizienten (r) zum einen mit der Zeitreihe des ROIs IPSa und zum anderen mit der des ROIs IPSt für jede Hemisphäre berechnet und dann jeweils über beide Hemisphären gemittelt (siehe Abb. 16). Für die Ermittlung von statistischen Kennwerten und die Durchführung von statistischen Analysen wurden die Korrelationskoeffizienten durch die Fisher-Z-Transformation (Fisher, 1921) von einer asymmetrischen Verteilung in eine Normalverteilung überführt. In diesem Zustand wurden die ermittelten Korrelationen mit IPSt und mit IPSa jeweils mit gepaarten t-Tests auf Signifikanz überprüft [korrigiert für multiples Testen (sequentielle Bonferroni Korrektur nach Holm, 1979)]. Zusätzlich wurden Mittelwerte und ±SEM berechnet und für die Darstellung rücktransformiert. Das Signifikanz-Niveau der Gruppenanalyse wurde auf p≤0,05 festgelegt und wie folgt angegeben: *: p≤0,05. In Abbildung 29 ist die gemittelte ipsilaterale funktionelle Konnektivität dargestellt. Ähnliche Korrelationsergebnisse wurden auch für die gemittelte kontralaterale funktionelle Konnektivität berechnet. Allerdings waren die Korrelationskoeffizienten bei gleichen Trends insgesamt erwartungsgemäß niedriger (kontralaterale Konnektivitätsergebnisse sind in dieser Arbeit nicht aufgeführt).

---

[3] Bei der Analyse von fMRT-Daten wird jedes Voxel einzeln innerhalb einer Person bzw. zwischen mehreren Personen auf statistische Signifikanz geprüft. Das bedeutet, dass bei einer Anzahl von ca. 30.000 Voxeln im Gesamtgehirn auch entsprechend 30.000 Tests durchgeführt werden. Bei mehr als einem voxelweisen statistischen Test tritt das „Problem der multiplen Testung" auf. Bei 30.000 Tests würden bei einem 5% Signifikanzniveau 1.500 falsch-positive aktivierte Voxel erwartet werden (Fehler 1. Art/α-Fehler). Ein Lösungsansatz gegen das Auftreten zu vieler falsch-positiver Ergebnisse ist die FDR-Korrektur. Hier werden einige falsch-positive Tests zugelassen, solange deren Anzahl im Verhältnis zur Gesamtzahl speziell der positiven Tests klein bleibt (Genovese et al., 2002).

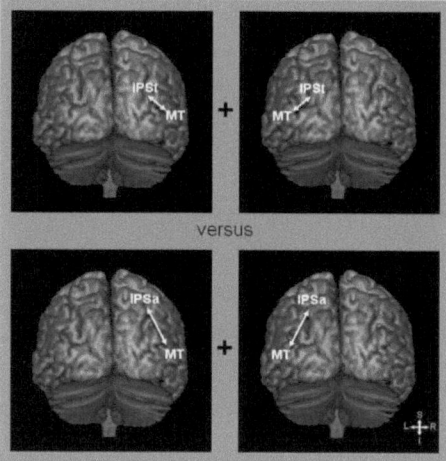

Abb. 16: Darstellung der statistischen Berechnung der ipsilateralen, funktionellen Konnektivität am Beispiel von MT und IPSt sowie MT und IPSa: 1) In jeder Hemisphäre wurde ein Korrelationskoeffizient zwischen den oben angegebenen ROIs errechnet. 2) Die Korrelationskoeffizienten wurden in eine Normalverteilung überführt. 3) und über beide Hemisphären gemittelt („+"; MT-IPSt aus rechter und aus linker Hemisphäre; gleiches gilt für MT-IPSa). 4) Im t-Test (korrigiert für multiples Testen) wurde überprüft, ob IPSt oder IPSa stärker mit MT funktionell verbunden ist („versus").

II Experimenteller Teil

3.3 Visuomotorische Integration bei Albinismus

3.3.1 Albinismuspatienten

14 Patienten mit okulocutanem oder okulärem Albinismus im Alter von 24 bis 47 Jahren (Durchschnittsalter 34 Jahre; sechs Frauen; siehe Abb. 17) nahmen an der Studie teil. Der Albinismus wurde einerseits anhand einer vorausgegangenen ophthalmologischen Untersuchung und andererseits, falls vorhanden, anhand eines genetischen Nachweises diagnostiziert. Separat wurde mit dem VEP das Auftreten einer Sehnervenfehlkreuzung überprüft.

Abb. 17: Portrait-Fotos von 13 der 14 albinotischen Studienteilnehmer. Zwischen den Patienten sind deutliche Pigmentierungsunterschiede zu erkennen, angefangen von dem komplett pigmentfreien Typ (oberste Zeile links), über den etwas pigmentierten (oberste Zeile rechts, mittlere Zeile und unterste Zeile links), bis zum deutlich pigmentierten Albinismustyp (unterste Zeile rechts).

3.3.2 Klassifizierung der Albinismuspatienten

Für die 14 Albinismuspatienten wurde zunächst ein ophthalmologischer Status erhoben. Dabei wurde die okuläre Dominanz, die Sehschärfe sowie die optimale Refraktionskorrektur, die horizontale Nystagmusamplitude, das Binokularsehen, das Ausmaß der Iris-Transluzenz, die Detektion der Sehnervenfehlkreuzung, die Phänotyppigmentierung und das Ausmaß der Sehnervenkreuzung in V1 jedes einzelnen Albinismuspatienten ermittelt. Im Folgenden werden die jeweiligen Methoden beschrieben. Die gesammelten Daten sind im Ergebnisteil in der Tabelle 5 zusammengefasst.

3.3.2.1 Okuläre Dominanz

Bei allen Albinismuspatienten wurde die Augendominanz mit dem Rosenbach'schen Visierversuch ermittelt (Rosenbach, 1903). Hierfür fixierte der Patient binokular ein etwa 2 m entferntes, gut sichtbares Objekt und verdeckte es dann mit seinem ausgestreckten Daumen. Anschließend wurden beide Augen abwechselnd geschlossen. Das dominante Auge sieht wie der Daumen das Objekt weiterhin bedeckt, wobei das Partnerauge den Daumen neben dem zu verdeckenden Objekt wahrnimmt.

3.3.2.2 Bestimmung der Sehschärfe und der optimalen Refraktionskorrektur

Die Sehschärfe (Visus) sowie die optimale Refraktionskorrektur jedes Albinismuspatienten wurden von einer Augenoptikerin, einer Mitarbeiterin der Augenklinik Magdeburg, bestimmt. Dabei wurde zunächst mit einem Aberrometer die Brechkraft der Augen gemessen und anschließend eine subjektive Refraktionskorrekturbestimmung durchgeführt, bei der der dezimale Fernvisus mit einer Buchstabensehtafel von fünf Metern ermittelt wurde. Als normale Sehschärfe gilt der Wert von 1,0 und darüber (Bach & Kommerell, 1998).

3.3.2.3 Augenbewegungen

In der Regel weisen Albinismuspatienten einen Nystagmus auf, der die Fixation beeinträchtigt. Im Folgenden werden die Ermittlung horizontaler Nystagmusamplituden (Abschnitt 3.3.2.3.1) und die Ermittlung der Fixationsgenauigkeit während der Durchführung des visuomotorischen Paradigmas (Abschnitt 3.3.2.3.2) beschrieben.

II Experimenteller Teil

3.3.2.3.1 Quantifizierung des Nystagmus

Der Nystagmus der Albinismuspatienten wurde per Videookulographie (3D VOG Software Version 5.0, Senso-Motoric Instruments GmbH, Berlin, Germany; siehe Abschnitt 2.3.2) mit einer Infrarotkamera, die jeweils links und rechts an einer lichtdicht abschließenden Augenmaske befestigt war, aufgezeichnet. Die Videokameras nahmen über einen halbdurchlässigen Spiegel die Augenbewegung in vertikaler, horizontaler und torsionaler Richtung mit einer jeweiligen Auflösung von 0,05°, 0,05° und 0,1° dreidimensional auf. Die Abtastrate lag bei 50 Hz. Das Signal der Infrarotkamera wurde in digitalisierter Form in einem mit Windows XP Professional betriebenen Rechner (32 Bit Betriebssystem, 512 MB Arbeitsspeicher) abgespeichert und dem Versuchsleiter auf dem Bildschirm dargestellt. Bei jedem Albinismuspatienten wurde der Nystagmus des linken Auges ermittelt. An den digitalisierten Daten der Augen erfolgte über die Helligkeitswerte die Pupillenerkennung zur Verfolgung der horizontalen und vertikalen Augenbewegung. Für die Ermittlung torsionaler Augenbewegungen wurde zunächst ein Referenzbild des weit geöffneten Auges in Form eines Standbildes erstellt. In diesem wurde um den Pupillenmittelpunkt ein Segment in der Iris definiert. Die sich in dem Segment befindenden Helligkeitswerte der Iris wurden gespeichert, um durch Kreuzkorrelationen der abgespeicherten Werte torsionale Augenbewegungen zu erkennen. Nach der Auswahl eines Irisausschnittes wurde das System kalibriert. Zur Durchführung der Blickwinkelkalibrierung saß der Albinismuspatient bei einem Betrachtungsabstand von 114 cm vor einer an der Wand befestigten Markierung, die aus neun Fixationspunkten bestand, welche zusammen zu einem Kreuz angeordnet waren. Das heißt, neben dem im Zentrum gelegenen Punkt (0°) des Kreuzes befanden sich vertikal und horizontal jeweils zwei weitere Punkte, bei ±10° und bei ±15°. Es galt, bei einer vorgegebenen Reihenfolge die jeweiligen Punkte zu fixieren. Anschließend wurde die Messung durchgeführt, bei der der Nystagmus bei Geradeausblick aufgenommen wurde. In der nach der Messung durchgeführten manuellen Auswertung wurde die mittlere Amplitude sowie die Frequenz des Horizontalnystagmus aus Nystagmussequenzen von 10 bis 20 aufeinander folgenden Schlägen ermittelt.

An einem anderen Untersuchungstag wurden zur Überprüfung der Reproduzierbarkeit die horizontalen Nystagmusamplituden vierer Albinismuspatienten mit der EOG-Messmethode nachgemessen. Dafür wurden zunächst die Hautstellen nasal und lateral neben dem Auge zur Erhöhung der Leitfähigkeit mit einer abrasiven Reinigungspaste (SkinPure, Nihon Kohden Europe GmbH, Rosbach, Deutschland) gesäubert. Anschließend wurden auf die gesäuberten Stellen jeweils eine mit Leitklebepaste (Ten 20 Conductive, Weaver & Co, Aurora, USA) gefüllte Goldnapfelektrode (Nicolet Biomedical, Inc., Wisconsin, USA) angebracht und mit Klebeband befestigt (siehe Abb. 18). Der Widerstand der einzelnen Elektroden betrug maximal 5 kΩ. Die Erdung erfolgte über eine mit einer feuchten Kompresse belegten Klemmelektrode am linken Ohr.

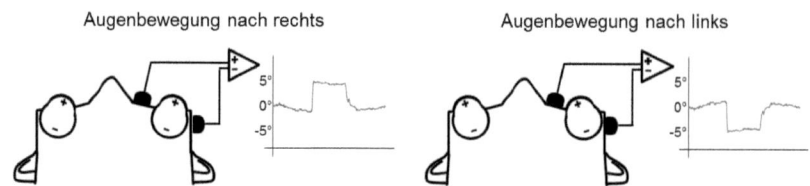

Abb. 18: Schemadarstellung der Entstehung des EOG durch den Dipolcharakter des Auges. Die Darstellung zeigt eine Ableitung am rechten Auge bei 5° Blicksprüngen bei einem Normalprobanden.

Mittels horizontaler Blicksprünge von 5 und 11° Amplitude wurde bei einem Betrachtungsabstand von 61 cm kalibriert und der horizontale Nystagmus bei Geradeausblick aufgenommen. Das Fixationsziel wurde bei der Messung monokular mit dem linken Auge betrachtet, während das rechte Auge mit einem Okklusionspflaster abgedeckt war. Die Albinismuspatienten trugen bei der Messung eine Refraktionskorrektur, sollten möglichst wenig blinzeln sowie Bewegungen und Reden einschränken. Die Reize wurden auf einem 40 x 30 cm CRT-Bildschirm mit einer Auflösung von 1024 x 768 Pixel und einer Bildfrequenz von 60 Hz dargeboten. Das während der Reizung erzeugte EOG-Signal wurde zunächst 10.000-fach verstärkt und mit einem Bandpass von 0,1 bis 100 Hz gefiltert (Grass Verstärker, Model 15LT, Astro-Med GmbH, Rodgau, Deutschland). In der nach der Messung durchgeführten manuellen Auswertung wurde aus den Kalibrierungsdaten die mittlere Amplitude des Horizontalnystagmus aus Nystagmussequenzen von 10 bis 20 aufeinander folgenden Schlägen ermittelt.

Mit den ermittelten VOG- und EOG-Daten wurde zur Überprüfung der Reproduzierbarkeit der horizontalen Nystagmusamplituden unterschiedlicher Untersuchungstage und Messmethoden eine lineare Korrelation nach Pearson bestimmt. In diese Berechnung wurden fünf weitere EOG-Daten von Patienten der Kohorte einer anderen Studie (Schmidtborn, 2006) einbezogen, sodass insgesamt neun VOG-Daten mit vier EOG-Daten hiesiger und fünf einer vorangegangenen Arbeit verglichen wurden. Die zu verschiedenen Zeitpunkten erhobenen horizontalen Nystagmusamplituden dieser neun Patienten korrelierten signifikant ($p<0,028$).

3.3.2.3.2 Fixationsüberprüfung

Die Fixation der Albinismuspatienten wurde während der Durchführung des visuomotorischen Paradigmas auf ihre Genauigkeit überprüft. Dabei war die Messung der Augenbewegungen innerhalb des MR-Tomographen nur möglich, wenn Kontaktlinsen statt einer MR-kompatiblen Brille für die Refraktionskorrektur eingesetzt werden, da Brillengläser durch die entstehenden Reflektionen die Messung unmöglich machen. Alternativ kann die Fixationsüberprüfung auch außerhalb des MR-Tomographen mit der EOG- und der VOG-Messmethode ermittelt werden. Um die Äquivalenz der Messmethode der Augenbewegung im MR-Tomographen nach Kanowski und Kollegen (2007) mit den Messmethoden außerhalb des MR-Tomographen zu prüfen, galt es zunächst am Beispiel von Augenbewegungsdaten eines Albinismuspatienten alle drei Methoden miteinander zu vergleichen. Dies war bei einem Patienten, der sich bereit erklärt hat, für ihn angepasste Kontaktlinsen zu tragen, möglich.

Die Messung der Augenbewegungen im MR-Tomographen wurden anhand eines MRT-kompatiblen Aufnahmesystems (Kanowski et al., 2007) und dem Programm PupilTracker (HumanScan, Erlangen) aufgenommen. Die Aufzeichnung erfolgte mit einer endoskopischen Infrarotkamera (TKC1460BE, JVC Ltd.), die im Tomographen an der Kopfspule in der Nähe des linken Auges (Abstand 30-40 mm) befestigt wurde. Ein Glasfaserkabel verband die Kamera mit einem Aufzeichnungsgerät (DVD-Recorder, Pioneer, Pioneer Electronics GmbH, Willich, Deutschland) außerhalb des MR-Tomographen. Zur Erfassung der Augenbewegungen wurde zunächst im digitalisierten Standbild des Auges um die Pupille eine Ellipse gesetzt und anschließend während der Aufnahme mit einem Algorithmus die stärkste Übereinstimmung zwischen jedem einzelnen Videobild und dem Bildausschnitt innerhalb der Ellipse berechnet (Frischholz, 1999). Die Abtastrate lag bei 25 Hz. Die Reize wurden auf einer 40 x 35 cm Mattscheibe mit einer Auflösung von 1280 x 1024 Pixel und einer Bildfrequenz von 60 Hz dargeboten. Bei der VOG- und EOG-Messung, die außerhalb des MR-Tomographen am Power Macintosh G4 (Mac OS 10.4; 1 GHz) durchgeführt wurden, wurden die Reize auf einem 40 x 30 cm CRT-Bildschirm mit einer Auflösung von 1024 x 768 Pixel und einer Bildfrequenz von 60 Hz dargeboten. Auf beiden Anzeigen (Mattscheibe und CRT-Bildschirm) wurden die Reize in gleicher Größe, bei einem Betrachtungsabstand von 61 cm, präsentiert. Zu Beginn wurde bei allen drei Messverfahren mit horizontalen Blicksprüngen kalibriert. Anschließend führte die Versuchsperson die Aufgabe des visuomotorischen Paradigmas durch, analog zu der in Abschnitt 3.1.2.2 beschriebenen Anleitung. Nach den Messungen wurden die Daten jeweils mit dem Datenanalyseprogramm IGOR Pro 5.01 (WaveMatrics, Oregon, USA) weiterverarbeitet. Dabei wurden die im MR-Tomographen erstellten Daten sowie die EOG-Daten gefiltert (0,2-10 Hz) und aus den VOG-Daten niederfrequente Kurvenschwankungen heraus gerechnet (1: Erstellung eines Polynomfits 9. Grades, 2: Abzug des Polynoms von der Kurve). Weiterhin wurden in den Daten die während getätigter Lidschläge aufgenommenen Sequenzen verworfen. Anschließend wurde der prozentuale Anteil der abgetasteten Augenpositionen innerhalb eines Fixationsfensters von ±2.5° ermittelt. Dieser Bereich entspricht in etwa dem seitlichen Abstand des Reizes zum Fixationsziel. Die ermittelten Werte werden im Folgenden „prozentuale zentrale Fixation" genannt.

Der Vergleich der Augenbewegungsdaten des Albinismuspatienten zwischen den drei Messmethoden zeigte ähnliche Ergebnisse einer zentralen Fixation von >92% an. Dies ist ein Hinweis zum einen auf eine Äquivalenz der verschiedenen Messmethoden und zum anderen auf eine Reproduzierbarkeit des Ausmaßes der horizontalen Nystagmusamplitude innerhalb und außerhalb des MR-Tomographen. Weitere Fixationsüberprüfungen wurden daraufhin außerhalb des MR-Tomographen mit dem EOG sowie VOG durchgeführt. Im Speziellen wurde an sechs Albinismuspatienten (zwei Albinismuspatienten „mit großer Sehnervenfehlkreuzung" und vier „mit kleiner Sehnervenfehlkreuzung", jeweils klassifiziert mit dem Lateralisierungsindex I_L, siehe Abschnitt 3.3.2.8) und an vier Normalprobanden die Fixationsgenauigkeit während der Durchführung des visuomotorischen Paradigmas am Power Macintosh G4 (Mac OS 10.4; 1 GHz) untersucht. Mit den ermittelten Daten wurde anschließend mit einem t-Test überprüft, ob sich die prozentuale zentrale Fixation der Albinismuspatienten von jener der Normalprobanden unterscheidet. Zusätzlich wurde mit einer linearen Regressionsanalyse getestet, ob bei den Albinismuspatienten eine signifikante inverse Korrelation zwischen ihrer prozentualen zentralen Fixation und ihrer in Abschnitt 3.3.2.3.1 quantifizierten horizontalen Nystagmusamplitude besteht.

3.3.2.4 Binokularsehen

Bei allen Albinismuspatienten wurde das Binokularsehen mit zwei in der Klinik etablierten Stereotests, Lang- (550-1200 Bogensekunden ["]; Disparitätsdefinierte Form- und Tiefenerkennung) und TNO-Stereotest (480-15 Bogensekunden; Disparitätsdefinierte Formerkennung), bei dem Betrachtungsabstand von 40 cm untersucht. Je niedriger dabei die Disparität in Bogensekunden, desto geringer ist der Tiefeneindruck und desto schwerer ist die Aufgabe.

II Experimenteller Teil

Der Lang-Stereotest ist eine Karte mit stochastisch angeordneten Punkten („Random-dot" Stereogramm) und einem Zylinderrasterverfahren. Teilmengen der Punkte stellen Figuren dar, die durch das Zylinderrasterverfahren unterschiedliche Tiefenabstände aufweisen. Die Albinismuspatienten betrachteten binokular mit ihrer optimalen Refraktionskorrektur den Stereotest. Die Aufgabe war die Beobachtungen, wie wahrgenommene Figuren (Katze: 1200"; Stern: 600"; Auto: 550") und Tiefeneindruck, so genau wie möglich zu beschreiben.

Bei dem TNO-Stereotest betrachteten die Albinismuspatienten mit ihrer optimalen Refraktionskorrektur durch eine Rot-Grün Brille nacheinander sieben Tafeln mit einem Muster aus grünen, roten und braunen Random-dots. Teilmengen der roten und grünen Punkte bilden geometrische Figuren aus, die bei vorhandener Stereopsis erkannt werden (Kreise mit fehlendem Sektor in den Querdisparationsunterschieden: 480", 240", 120", 60", 30" und 15").

3.3.2.5 Bestimmung der Iris-Transluzenz

Bei jedem Albinismuspatienten wurde bei spielender Pupille das Ausmaß der Iris-Transluzenz mit Hilfe einer Spaltlampe von einer Ophthalmologin, einer Mitarbeiterin der Augenklinik Magdeburg, ermittelt. Dabei galt es, die Iris-Transluzenz einer von vier Kategorien zuzuordnen (1: volle; 2: ringförmig ausgeprägte, aber nicht vollständige; 3: lokale; 4: keine; siehe Abb. 19).

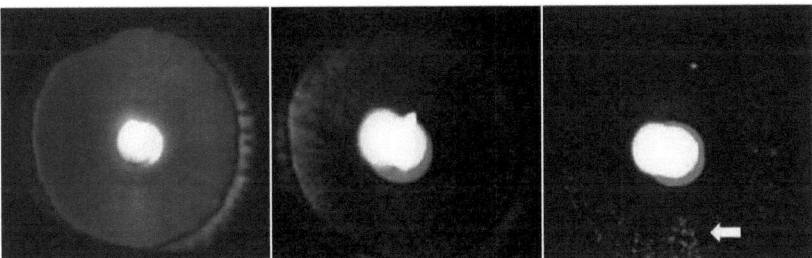

Abb 19: Befundeinteilung der Iris-Transluzenz beim Albinismus [von links nach rechts: volle, ringförmig ausgeprägte, aber nicht vollständige und lokale (siehe Pfeil) Iris-Transluzenz]. Alle Befunde wurden in der Augenklinik Magdeburg erstellt.

3.3.2.6 Bestimmung der Phänotyppigmentierung

Neben den oben beschriebenen klinischen Untersuchungen zur Diagnosestellung von Albinismus, erfolgte zusätzlich eine Beurteilung der Pigmentierung von Haut und Haaren nach der Pigmentierungsskala von von dem Hagen und Kollegen (2007). Die verwendete Pigmentierungsskala erstreckte sich über sechs Kategorien (1: keine Pigmentierung; 2: gelblich-weißes Haar, weiße Haut eventuell gebräunt; 3: hellblondes Haar, blasse Haut etwas gebräunt; 4: hellblondes Haar, blasse Haut mit sichtbarer Bräunung; 5: dunkelblondes oder hellbraunes Haar, gute Bräunung; 6: braunes, dunkelbraunes oder schwarzes Haar, gute Bräunung). Dabei galt es, die Phänotyppigmentierung der 14 Albinismuspatienten einer der sechs Kategorien zuzuordnen.

3.3.2.7 Elektrophysiologischer Nachweis der Sehnervenfehlkreuzung

Zur Sicherstellung der angenommenen Diagnose Albinismus wurde mit dem VEP das für Albinismus typische Auftreten einer Sehnervenfehlkreuzung überprüft. Die dabei verwendeten Ableitpositionen entsprechen dem 10-20-System nach der (American Encephalographic Society, 1994). Insgesamt wurden vier Goldnapfelektroden (Nicolet Biomedical, Inc., Wisconsin, USA) angebracht; drei Elektroden über dem Okzipitallappen Oz, O1, O2 und eine Elektrode über dem Frontallappen Fz (siehe Abb. 20 A). Die Elektrodenposition Oz befindet sich 10% vom Nasion-Inionabstand über dem Inion. O1 wird vier Zentimeter links und O2 vier Zentimeter rechts von Oz platziert. Die Position der Referenzelektrode Fz liegt 30% vom Nasion-Inionabstand über dem Nasion. Die jeweiligen Hautstellen wurden zur Erhöhung der Leitfähigkeit mit einer abrasiven Reinigungspaste (SkinPure, Nihon Kohden Europe GmbH, Rosbach, Deutschland) gesäubert und die Elektroden anschließend mit der Leitklebepaste befestigt (Ten 20 Conductive, Weaver & Co, Aurora, USA). Der Widerstand der einzelnen Elektroden betrug maximal 5 kΩ. Die Erdung erfolgte über eine mit einer feuchten Kompresse belegten Klemmelektrode am linken Ohr. Der Versuchsraum wurde bis auf eine Lichtquelle, die den Raum indirekt schwach beleuchtete, abgedunkelt.

Bei der Albinismus-VEP-Messung (Versuchsaufbau siehe Abb. 20 B) erfolgte die Reizdarbietung mit dem Programm "EP2000" (Bach, 2000). Hierbei wurde den Patienten ein Muster-an/aus-Reiz dargeboten, bei dem auf dem gesamten Bildschirm (Größe: 19° x 15°) drei verschiedene Schachbrettreize mit einem grauen Hintergrund alternierten. Dabei erschien der jeweilige Schachbrettreiz für 40 ms und der graue Hintergrund für 453 ms. Die jeweilige Kästchengröße der drei Schachbrettreize betrug 0,5°, 1,0° und 2,0°. Jeder Reiz bestand zu gleichen Anteilen aus weißen und schwarzen Kästchen, um eine einheitliche mittlere Helligkeit zu generieren. Zur Vermeidung von Helligkeitssprüngen entsprach die mittlere Helligkeit des Schachbrettreizes der des grauen Hintergrundes. Der Muster-an/aus-Reiz wurde in zwei verschiedenen Kontraststärken dargeboten; in 98% ($K_{98\%}$) und in 20% ($K_{20\%}$), jeweils bei einer mittleren Helligkeit von 45 cd/m².

Die Aufgabe der Albinismuspatienten war, ein Ziel [Kreis (Durchmesser: 0,7°) integriertem Kreuz] im Zentrum des Monitors mit ihrer optimalen Refraktionskorrektur zu fixieren, wenig zu blinzeln sowie Bewegungen und Reden einzuschränken. Um die Fixation aufrechtzuerhalten, wurden im Mittelpunkt Zahlen dargeboten, die der Albinismuspatient wenn möglich vorlesen sollte. Falls die Zahl vom Patienten aufgrund der schlechten Sehschärfe nicht erkannt werden konnte, sollte dieser einfach nur angeben, ob er im Mittelpunkt Änderungen wahrgenommen hat.

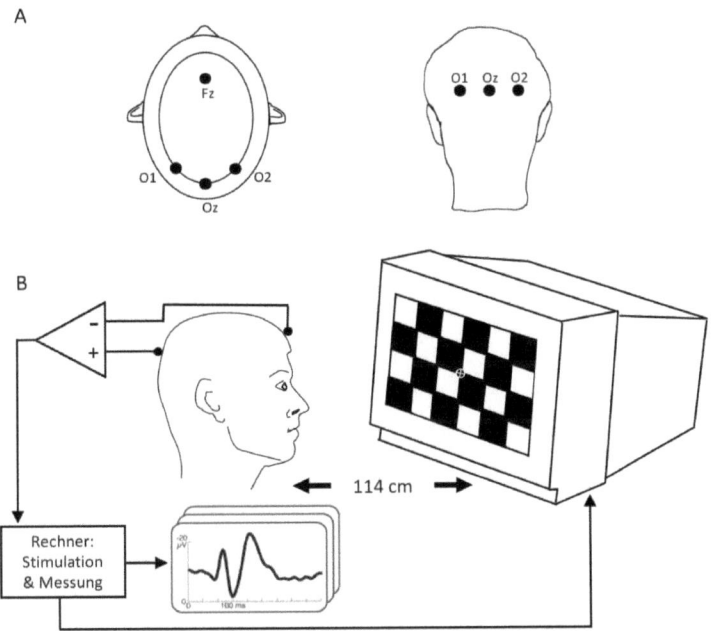

Abb. 20: Positionen der am Kopf angelegten vier Elektroden Oz, O1, O2 und Fz (A; Kopfansicht von superior und von posterior). Versuchsaufbau der Albinismus-VEP-Messung (B).

Die Reize wurden vom Albinismuspatienten monokular gesehen, abwechselnd wurde das jeweils nicht gemessene Auge mit einem Okklusionspflaster abgedeckt. Jedes Auge wurde pro Kontrast zweimal gemessen. Um lineare Trends, wie Ermüdungserscheinungen der Augen, über die Untersuchung zu kompensieren, wurde entsprechend dem A-B-B-A-Schema gemessen [Reihenfolge des jeweils gemessenen Auges (rechtes Auge: OD, linkes Auge: OS)

II Experimenteller Teil

für $K_{98\%}$: OD-OS-OS-OD und für $K_{20\%}$: OS-OD-OD-OS]. Ein Reizdurchlauf pro Auge dauerte zwei Minuten, dabei wurden dem Patienten die Schachbrettreize in 16 Zyklen dargeboten. Jeder Zyklus (Zyklusdauer: 7,395 s) bestand aus drei mal fünf Muster-an/aus-Reizen (jeweilige Dauer der fünf Muster-an/aus-Reize: 2,465 s) und hatte stets die gleiche Abfolge beginnend mit der Präsentation der kleinen Kästchengröße. Anschließend folgte die der mittleren Kästchengröße und dann die der großen Kästchengröße.

Die Reize wurden mit einem Power Macintosh G4 (MacOS 9.2; 1250 MHz) generiert und auf einem 40 x 30 cm CRT-Bildschirm mit einer Auflösung von 1024 x 768 Pixel und einer Bildfrequenz von 75 Hz dem Patienten dargeboten. Das während der Reizung erzeugte analoge EEG wurde zunächst 50.000-fach verstärkt und mit einem Bandpass von 0,3 bis 100 Hz gefiltert (Grass Verstärker, Model 15LT, Astro-Med GmbH, Rodgau, Deutschland). Anschließend wurde das EEG im Power Macintosh G4 digitalisiert und gefiltert (0-40 Hz) und die VEPs mit in dem Datenanalyseprogramm Igor Pro 5.01 programmierten Routinen durch reizsynchrone Mittelung aus dem EEG isoliert. Des Weiteren wurde zur Bestimmung der interhemisphärischen Lateralisierung der VEPs bei jedem Schachbrettreiz die Aktivierungsdifferenz zwischen der rechten und linken Hemisphäre pro Auge ermittelt.

Mit den VEP-Aktivierungsdifferenzkurven beider Augen wurden zusätzlich Korrelationskoeffizienten nach Pearson (Bereich +1 bis -1) für jede Reizpräsentation und jeden Albinismuspatienten berechnet. Diese Berechnung verspricht im Gegensatz zur Betrachtung der einzelnen VEP-Kurven eine objektive Quantifizierung der Daten und erleichtert insbesondere die Einschätzung kleiner Signalamplituden. Für diese Korrelationsanalyse wurde das von Soong und Kollegen (2000) verwendete Zeitfenster (0-200 ms nach Reizbeginn) verkleinert (50-150 ms nach Reizbeginn) damit die Polaritätsumkehr, die etwa bei 100 ms nach Reizbeginn ihren größten Ausschlag hat (Apkarian et al., 1983; Bach & Kommerell, 1992), optimal in dem verwendeten Zeitfenster erfasst wird. Ein bei der Analyse ermittelter positiver Korrelationskoeffizient deutet auf eine normale und ein negativer Wert auf eine abnormale Sehnervenprojektion hin.

Für die Durchführung der deskriptiven Statistik [Berechnung des Mittelwertes ±Standardabweichung (SD) der Korrelationskoeffizienten pro Reiz über alle Albinismuspatienten] wurden die Korrelationskoeffizienten durch die Fisher-Z-Transformation (Fisher, 1921) von einer asymmetrischen Verteilung auf eine Normalverteilung gebracht. In diesem Zustand der Daten wurde für die Ermittlung des optimalen Reizes zur Quantifizierung der Sehnervenfehlkreuzung eine zweifaktorielle ANOVA für Messwiederholungen mit den Faktoren

II Experimenteller Teil

Kontraststärke (98% & 20%) und *Reizgröße* (0,5°, 1,0° & 2,0°) durchgeführt. Nach der Ermittlung der statistischen Kenngrößen und der statistischen Analyse wurden die Daten über eine inverse Transformation zurückgerechnet.

3.3.2.8 fMRT-basierte Quantifizierung der abnormalen Repräsentation in V1

Durch die visuelle Reizung im rechten Gesichtsfeld des linken Auges wird bei einer normalen Sehnervenprojektion der temporalen Netzhaut das Areal V1 der linken Hemisphäre aktiviert. Bei einer abnormalen Sehnervenprojektion wird das Areal V1 der rechten Hemisphäre aktiviert. Da bei Albinismus das Ausmaß der Sehnervenfehlkreuzung interindividuell variiert (Creel et al., 1981; Hoffmann et al., 2005; 2003; Schmitz et al., 2004; von dem Hagen et al., 2007), war bei der hier im Paradigma gewählten Reizausdehnung zu erwarten, dass in einem Teil der Albinismuspatienten vorwiegend der fehlrepräsentierte Anteil der temporalen Netzhaut gereizt wurde, im dem anderen Teil hingegen vorwiegend der normal repräsentierte Anteil. Daher wurde bestimmt, bei welchen der 14 untersuchten Albinismuspatienten eine vorwiegend normale beziehungsweise abnormale Repräsentation des dargebotenen visuellen Reizes vorlag. Das Ausmaß der abnormalen Repräsentation in V1 wurde analog zu von dem Hagen (2007) mit dem Lateralisierungsindex I_L (Formel 1) ermittelt. Die Berechnung des I_L basiert auf dem Verhältnis der fMRT Antworten in V1 der linken und der rechten Hemisphäre während der Reizung des rechten Halbfeldes in der visuellen Reizphase (siehe Abb. 21).

$I_L = (V_{R\_V1} - V_{L\_V1}) / (V_{R\_V1} + V_{L\_V1})$ (Formel 1)

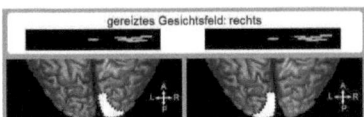

Abb. 21: Darstellung der I_L-Ermittlung (Erläuterung siehe Text).

Die Variable V in Formel 1 ist das aktivierte Volumen während der Reizung des rechten Halbfeldes (gemittelte Antworten der Versuchsbedingung 2 und 4; Signifikanz-Niveau von $p \leq 0,001$, nicht korrigiert für multiples Testen) in dem ROI, welches auf die jeweilige ROI-Größe normiert wurde. Die Indizes R_V1 und L_V1 stehen für die V1-ROIs der rechten und linken Hemisphäre, welche mit dem WFU-PickAtlas 2.1 identifiziert wurden. Der I_L hat eine Spanne von +1 bis -1. Ist er positiv, so dominiert die abnormale, ist er negativ, die normale Repräsentation des Reizes. Die Albinismuspatienten wurden nach der Stärke ihrer abnormal verlaufenden Nervenfasern, also dem I_L-Wert (siehe Tabelle 5), in zwei Gruppen eingeteilt: eine Gruppe mit kleiner (Albinismus$_K$; negativer I_L) und eine mit großer (Albinismus$_G$; positiver I_L) Sehnervenfehlkreuzung. Für die Quantifizierung einer möglichen I_L-Abhängigkeit der Parameter Phänotyppigmentierung, Sehschärfe und Nystagmus wurde eine multiple lineare Regressionsanalyse berechnet. Dabei galt der I_L als abhängige Variable und die Phänotyppigmentierung, die Sehschärfe und der Nystagmus galten als unabhängige Variablen.

3.3.3 Auswertung der Verhaltensdaten

Die Verhaltensdaten der 14 Albinismuspatienten wurden zunächst wie im Abschnitt 3.2.2 mit dem Statistikprogramm SuperANOVA 1.11 ausgewertet und in Abbildung 26 im Ergebnisteil dargestellt. Anschließend wurden die Trefferquoten der vier Versuchsbedingungen der Albinismuspatienten mit denen der Normalprobanden aus Abschnitt 3.2.1 verglichen, um zu überprüfen, ob bei Reizung des jeweiligen Halbfeldes ein Gruppenunterschied besteht. Dafür wurden die jeweiligen Trefferquoten bei linker und bei rechter Halbfeldreizung zusammengefasst [gemittelte Trefferquoten der Versuchsbedingungen 1 und 3 (linke Halbfeldreizung) und der Versuchsbedingungen 2 und 4 (rechte Halbfeldreizung)] und die Daten in einer zweifaktoriellen ANOVA für Messwiederholungen mit den Faktoren *Versuchsgruppe* (Albinismuspatienten & Normalprobanden) und *visuelles Halbfeld* (rechts und links) statistisch ausgewertet.

Aufgrund der in Abschnitt 3.3.2.8 beschriebenen Auftrennung der Albinismuskohorte in zwei Gruppen, stellt sich zusätzlich die Frage, ob sich die Trefferquoten der Albinismuspatienten mit einer starken Sehnervenfehlkreuzung von den Referenzdaten unterscheiden. Hierfür wurden die Mittelwerte ±SEM der Trefferquoten der Albinismus$_K$ und der Albinismus$_G$ Patienten für jede Versuchsbedingung berechnet und in Abbildung 31 im Ergebnisteil dargestellt. Mit einer zweifaktoriellen ANOVA für Messwiederholungen mit den Faktoren *Versuchsgruppe* (Normalprobanden, Albinismus$_G$ Patienten & Albinismus$_K$ Patienten) und *Versuchsbedingungen* (alle vier Versuchsbedingungen, siehe Abb. 10) wurden die Zusammenhänge zwischen den jeweiligen gemittelten Trefferquoten und den Versuchsgruppen ermittelt.

3.3.4 fMRT-basierte Datenanalyse

Im Folgenden ist die statistische Auswertung der kortikalen Daten aufgeführt. In Übersichtskarten (Abschnitt 3.3.5.1) und in Detailanalysen (Abschnitt 3.3.5.2) wurde überprüft, inwiefern sich die albinotische Sehnervenfehlkreuzung auf die Lateralisierungmuster der visuellen und motorischen sowie somatosensorischen Areale auswirkt.

3.3.4.1 BOLD-Antworten – Übersicht

Im Mixed-Effekt-Modell wurden, wie bereits im Abschnitt 3.2.3.1 beschrieben, zunächst auf Einzelprobandenniveau kategoriale Vergleiche der effects of interest erstellt. Die der visuellen Reizphase waren der kategoriale Vergleich der beiden visuellen Halbfeldreizungen versus Ruhe und die der motorischen Antwortphase waren der kategoriale Vergleich der beiden Effektoren gegeneinander, die jeweils den korrekten Knopfdruck ausführten.

In der Random-Effekt-Gruppenanalyse wurden die oben aufgeführten gemittelten Kontrastbilder weiter untersucht. Der Gesamteffekt der jeweiligen effects of interest wurde voxelweise mit one-sample t-tests ermittelt, einerseits für den gesamten Pool der Albinismuspatienten und andererseits getrennt für die beiden im Abschnitt 3.3.2.8 ermittelten Albinismusgruppen (siehe Abb. 32 und Abb. 36 im Ergebnisteil). Das Signifikanz-Niveau der Gruppenanalyse wurde auf $p \leq 0,001$ unkorrigiert für multiples Testen festgelegt mit einer Cluster-Mindestgröße von ≥ 0 Voxeln bei der visuellen Reizphase und einer Cluster-Mindestgröße von ≥ 30 Voxeln bei der motorischen Antwortphase. Zusätzlich wurden in einzelnen two-sample t-tests die gemittelten Daten der motorischen Antwortphase der 14 Albinismuspatienten und die der 14 Normalprobanden für jede der vier experimentellen Versuchsbedingungen miteinander verglichen. Dabei wurde das Signifikanz-Niveau der Gruppenanalyse auf $p \leq 0,001$ unkorrigiert für multiples Testen festgelegt mit einer Cluster-Mindestgröße von ≥ 0 Voxeln.

3.3.4.2 ROI-Analyse

Die kortikalen Repräsentationen der Albinismuspatienten wurden zusätzlich in einer Detailanalyse quantitativ ausgewertet und mit Daten von Normalprobanden (Normalprobanden aus Abschnitt 3.2.1) verglichen. Dafür wurden die ROI-Koordinaten der Normalprobanden nicht für die Albinismuspatienten übernommen, sondern neu bestimmt, um potentielle

Abweichungen zwischen den beiden Gruppen zu berücksichtigen (Neveu et al., 2008). Wie bereits in Abschnitt 3.2.3.2 beschrieben, wurde zunächst V1, S1 und die motorischen Areale mit dem WFU PickAtlas 2.1 lokalisiert und anschließend jeweils das lokale Aktivitätsmaximum der Areale bestimmt. Die MNI-Koordinaten der lokalen Aktivitätsmaxima definierten die ROI-Zentren der jeweiligen Areale. Die ROI-Koordinaten von MT sowie die der terminalen und anterioren Regionen des IPS waren die nächstgelegenen lokalen Maxima jeweils zu den publizierten Arealkoordinaten von Dumoulin mit Kollegen (2000), Swisher mit Kollegen (2007) und den MNI-Koordinaten der Normalprobanden, die in der vorliegenden Arbeit bestimmt wurden. Die für die Albinismuspatienten ermittelten ROI-Koordinaten sind in Tabelle 3 aufgeführt.

Tabelle 3: MNI-Koordinaten der ermittelten ROIs bei den Albinismuspatienten (für Abkürzungen siehe Abkürzungsverzeichnis)

Hirnregion	rechte Hemisphäre			linke Hemisphäre			ROI-Radius
	x	y	z	x	y	z	
V1	10	-90	4	-10	-86	4	10 mm
MT	36	-82	6	-38	-82	0	10 mm
IPSt	34	-70	26	-28	-74	26	5 mm
IPSa	30	-62	48	-26	-60	44	5 mm
PM	30	-12	58	-40	-8	59	5 mm
M1	42	-16	52	-40	-16	52	5 mm
S1	50	-22	46	-44	-28	46	5 mm

Die jeweiligen BOLD-Antworten der ausgewählten ROIs wurden wie im Abschnitt 3.2.3.2 mit MarsBaR 0.41 bei jedem Albinismuspatienten ermittelt. Für die Überprüfung statistischer Signifikanzen wurde das Statistikprogramm SigmaStat 2.03 (SigmaStat Statistical Software 2.03 Statcon, Witzenhausen, Deutschland) verwendet, die Durchführung der Analysen ist in den folgenden Abschnitten beschrieben. Die Signifikanz-Niveaus sind wie folgt definiert: ***: $p \leq 0,001$, **: $p \leq 0,01$, *: $p \leq 0,05$.

3.3.4.2.1 Analyse der Lateralisierungsmuster während der visuellen Reizphase

Die Daten der visuellen Reizphase wurden auf ihre Lateralisierung zum Reiz untersucht (siehe Abb. 22 A) und mit Referenzdaten (Normalprobanden aus Abschnitt 3.2.1) verglichen. Dabei sollte die für Albinismus aus der Sehnervenfehlkreuzung resultierende typische abnormale kortikale Repräsentation in V1 detektiert und höhere Verarbeitungsstufen auf Abnormalität überprüft werden. Der Schwerpunkt der Berechnung lag auf der rechten

Hemisphäre, da diese einen abnormalen Eingang des kontralateralen Auges erhält. Pro Versuchsgruppe wurden die BOLD-Antworten der ROIs V1, MT, IPSt und IPSa der rechten Hemisphäre (ROI-Positionen bei Albinismuspatienten siehe Tabelle 3 und bei Normalprobanden siehe Tabelle 2) hinsichtlich des gereizten Halbfeldes gruppiert [zusammengefasste BOLD-Antworten der Versuchsbedingungen 1 und 3 (linke Halbfeldreizung) und der Versuchsbedingungen 2 und 4 (rechte Halbfeldreizung), unabhängig vom Effektor, der in der bevorstehenden motorischen Antwortphase benutzt werden soll]. In einer Gruppenanalyse wurden pro ROI Mittelwerte ±SEM für jede Versuchsgruppe berechnet und die Lateralisierungen zum Reiz mit einer zweifaktoriellen ANOVA für Messwiederholungen mit den Faktoren *Versuchsgruppe* (Albinismuspatienten & Normalprobanden) und *visuelles Halbfeld* (rechts und links) untersucht. Sofern die Interaktionen der Faktoren *Versuchsgruppe* und *visuelles Halbfeld* signifikant waren, wurde einerseits post-hoc mit t-Tests separat bei den Normalprobanden und den Albinismuspatienten die Lateralisierung zum Halbfeld quantifiziert und andererseits separate Gruppenvergleiche bei linker und rechter Halbfeldreizung berechnet. Die Ergebnisse der post-hoc Vergleiche wurden anschließend mit der sequentiellen Bonferroni Korrektur (Holm, 1979) für multiples Testen korrigiert (Tabelle 6 und Abbildung 33).

Aufgrund der Tatsache, dass die Sehnervenfehlkreuzung bei Albinismus ein variables Ausmaß hat, konnte die Patientenkohorte in zwei Gruppen eingeteilt werden (definiert nach dem I_L, siehe Abschnitt 3.3.2.8; jeweils n=7). Durch diese Einteilung ist eine Untersuchung der Halbfeldlateralisierungen höherer Verarbeitungsstufen bei starkem und schwachem abnormalen visuellen Eingang in einer explorativen Datenanalyse möglich. Hierfür wurden für die oben genannten ROIs V1, MT, IPSt und IPSa der rechten Hemisphäre weitere zweifaktorielle ANOVAs für Messwiederholungen mit den Faktoren *Versuchsgruppe* (Normalprobanden, Albinismus$_G$-Patienten & Albinismus$_K$-Patienten) und *visuelles Halbfeld* (rechts und links) berechnet. Bei signifikanten Interaktionen der Faktoren *Versuchsgruppe* und *visuelles Halbfeld* wurde post-hoc mit t-Tests separat bei den Normalprobanden, den Albinismus$_G$- und den Albinismus$_K$-Patienten die Lateralisierung zum Halbfeld quantifiziert. Die Ergebnisse der post-hoc Vergleiche wurden mit der sequentiellen Bonferroni Korrektur (Holm, 1979) für multiples Testen korrigiert (Tabelle 7 und Abbildung 34).

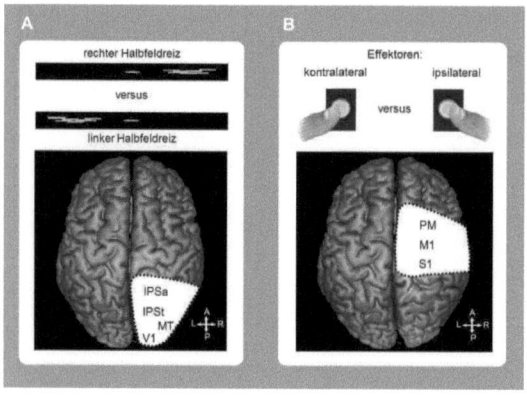

Abb. 22: Darstellung der durchgeführten ROI-Datenverarbeitung der rechten, von der Abnormalität betroffenen, Hemisphäre. A: Prüfung der ROIs im visuellen Kortex auf ihr jeweiliges Lateralisierungsmuster zum Reiz (linker versus rechter Reiz). B: Prüfung der ROIs im somato-motorischen Kortex auf ihr jeweiliges Lateralisierungsmuster zum Effektor (linker versus rechter Effektor).

Aufgrund der bei Albinismus vorhandenen okulären Symptome wie reduzierte Sehschärfe und Nystagmus muss abgeklärt werden, ob die kortikale Lateralisierungsabnormalität auf diese Faktoren oder auf die Sehnervenfehlkreuzung zurückzuführen ist. Mit einer in SPM5 durchgeführten Regressionsanalyse wurden die kortikalen Antworten der 14 Albinismuspatienten der rechten visuellen Halbfeldreizung (zusammengefasste BOLD-Antworten der Versuchsbedingungen 2 und 4, unabhängig vom Effektor, der in der bevorstehenden motorischen Antwortphase benutzt werden soll) mit dem Ausmaß der abnormalen Repräsentation in V1, also dem I_L (siehe Abschnitt 3.3.2.8) korreliert. In der Regressionsanalyse wurde die erhobene refraktionskorrigierte Sehschärfe (siehe Abschnitt 3.3.2.2) logarithmiert[4] und zusammen mit den ermittelten horizontalen Nystagmusamplituden (VOG-Daten, siehe Abschnitt 3.3.2.3.1) als effects of no interest Kovarianten berücksichtigt, um die Störeffekte dieser funktionellen Defizite zu reduzieren (siehe Abb. 35).

3.3.4.2.2 Analyse der Effektorlateralisierungen während der motorischen Antwortphase

Die Daten der motorischen Antwortphase wurden auf ihre Lateralisierung zum Effektor untersucht (siehe Abb. 22 B) und mit Referenzdaten (Normalprobanden aus Abschnitt 3.2.1) verglichen. Dabei wurde überprüft, ob die abnormale Repräsentation im visuellen Kortex einen Einfluss auf das somatosensorische und motorische System ausübt. Der Schwerpunkt

---

[4]Die dezimal Sehschärfe ist nicht in arithmetisch gleichen Abständen skaliert, das wird erst durch ihrer Logarithmierung erreicht (Ferris et al., 1982; Paliaga, 1993; Bach & Kommerell, 1998).

II Experimenteller Teil

der Berechnung lag, wie bei der Untersuchung der Daten der visuellen Reizphase, weiterhin auf der rechten Hemisphäre, da diese einen abnormalen Eingang des kontralateralen Auges erhält. Pro Versuchsgruppe wurden die BOLD-Antworten der ROIs PM, M1 und S1 der rechten Hemisphäre (ROI-Positionen bei Albinismuspatienten siehe Tabelle 3 und bei Normalprobanden siehe Tabelle 2) hinsichtlich des antwortenden Effektors gruppiert [zusammengefasste BOLD-Antworten der Versuchsbedingungen 1 und 4 (linker Effektor) und der Versuchsbedingungen 2 und 3 (rechter Effektor), unabhängig von der Halbfeldreizung während der visuellen Reizphase]. In einer Gruppenanalyse wurden pro ROI Mittelwerte ±SEM für jede Versuchsgruppe berechnet und die Lateralisierungen zum Effektor mit einer zweifaktoriellen ANOVA für Messwiederholungen mit den Faktoren *Versuchsgruppe* (Albinismuspatienten & Normalprobanden) und *verwendeter Effektor* (ipsi- & kontralateral) untersucht. Sofern die Interaktionen der Faktoren *Versuchsgruppe* und *verwendeter Effektor* signifikant waren, wurde einerseits post-hoc mit t-Tests separat bei den Normalprobanden und den Albinismuspatienten die Lateralisierung zum Effektor quantifiziert und andererseits separate Gruppenvergleiche bei ipsilateraler und kontralateraler Effektorbenutzung berechnet. Die Ergebnisse der post-hoc Vergleiche wurden anschließend mit der sequentiellen Bonferroni Korrektur (Holm, 1979) für multiples Testen korrigiert (Tabelle 8 und Abbildung 37).

Aufgrund des variablen Ausmaßes der Sehnervenfehlkreuzung bei Albinismus war es möglich in einer explorativen Datenanalyse obige Daten bei starkem und schwachem abnormalen visuellen Eingang zu untersuchen (definiert nach dem I_L, siehe Abschnitt 3.3.2.8; jeweils n=7). Hierfür wurden für die oben genannten ROIs PM, M1 und S1 beider Hemisphären weitere zweifaktorielle ANOVAs für Messwiederholungen mit den Faktoren *Versuchsgruppe* (Normalprobanden, Albinismus$_G$-Patienten & Albinismus$_K$-Patienten) und *verwendeter Effektor* (ipsi- & kontralateral) berechnet. Bei signifikanten Interaktionen der Faktoren *Versuchsgruppe* und *verwendeter Effektor* wurde post-hoc mit t-Tests separat bei den Normalprobanden, den Albinismus$_G$- und den Albinismus$_K$-Patienten die Lateralisierung zum Effektor quantifiziert. Die Ergebnisse der post-hoc Vergleiche wurden mit der sequentiellen Bonferroni Korrektur (Holm, 1979) für multiples Testen korrigiert.

In einer weiteren explorativen Datenanalyse wurde geprüft, ob bei Albinismus die Effektorlateralisierungen der motorischen Antwortphase von der Halbfeldreizung der vorangegangenen visuellen Reizphase abhängen. Dabei lag der Schwerpunkt dieser Analyse wieder auf der rechten Hemisphäre, die einen abnormalen Eingang des kontralateralen Auges erhält.

Es wurden während der motorischen Antwortphase die BOLD-Antworten der ROIs PM, M1 und S1 der rechten Hemisphäre für alle vier Versuchsbedingungen des Paradigmas untersucht. Für jedes der genannten ROIs der gesamten Albinismusgruppe wurde eine zweifaktorielle ANOVA für Messwiederholungen mit den Faktoren *visuelles Halbfeld* (links & rechts) und *verwendeter Effektor* (kontra- & ipsilateral) berechnet. Zur Vergleichbarkeit wurde selbige Analyse mit den Referenzdaten (Normalprobanden aus Abschnitt 3.2.1) durchgeführt. Sofern die Interaktionen der Faktoren *visuelles Halbfeld* und *verwendeter Effektor* signifikant waren, wurden post-hoc t-Tests berechnet und mit der sequentiellen Bonferroni Korrektur (Holm, 1979) für multiples Testen korrigiert (Abbildung 38).

Des Weiteren wurde überprüft, ob bei Albinismus Areal IPSa während visueller Reizung effektorlateralisiert ist und somit an der visuell induzierten Motorplanung beteiligt wäre (Beurze et al., 2007). Dabei lag der Schwerpunkt dieser Berechnung wieder auf der rechten Hemisphäre, die einen abnormalen Eingang des kontralateralen Auges erhält. Für beide Albinismusgruppen (definiert nach dem I_L, siehe Abschnitt 3.3.2.8; jeweils n=7) wurden die IPSa-Antworten der visuellen Reizphase hinsichtlich des antwortenden Effektors gruppiert [zusammengefasste BOLD-Antworten der Versuchsbedingungen 1 und 4 (linker Effektor) und der Versuchsbedingungen 2 und 3 (rechter Effektor), unabhängig von der Halbfeldreizung während der visuellen Reizphase] und mit gepaarten t-Tests verglichen. Die Ergebnisse wurden mit der sequentiellen Bonferroni Korrektur (Holm, 1979) für multiples Testen korrigiert.

II Experimenteller Teil

Kapitel 4: Ergebnisse

4.1 Visuomotorische Integration bei Normalprobanden

Visuelle Informationen sind von besonderer Wichtigkeit für die Vorbereitung, Initiierung und Lenkung von motorischen Handlungen und folglich ein Schwerpunkt der Verhaltensforschung. Daher ist die Aufschlüsselung der Verarbeitung der visuellen Information bis zur motorischen Handlung von großer Relevanz. Eine besondere Rolle spielen hierbei die Areale, die in die visuomotorische Integration involviert sind. Diese gilt es im Folgenden in zwei Analyseansätzen zu ermitteln. Im ersten Ansatz werden die Areale, die an der visuomotorischen Integration beteiligt sind, anhand ihrer Eigenschaften der Lateralisierung zur Halbfeldreizung und zum verwendeten Effektor untersucht. Erwartet wird, dass die Areale des Netzwerks entweder Reiz- oder Effektor-bedingte Lateralisierungen aufzeigen, während die Areale, die bei der visuomotorischen Integration eine Rolle spielen, gegenüber beiden Faktoren lateralisiert sind.

Um die Rolle der unterschiedlichen Areale in dem Prozess der visuomotorischen Integration zu identifizieren, ist es ebenfalls vielversprechend, ihre Spezialisierung in Bezug auf ihre funktionelle Konnektivität mit anderen visuellen und motorischen Arealen zu untersuchen. Daher gilt es in einem zweiten Ansatz der Analyse ihre funktionelle Konnektivität innerhalb des visuomotorischen Netzwerks aufzudecken. Die Ergebnisse wurden im Jahr 2009 in *Neuropsychologia* publiziert (Wolynski et al., 2009).

4.1.1 Verhaltensdaten

Die Verhaltensdaten, die während der fMRT-Messung erhoben wurden, zeigten hohe Trefferquoten bei den vier Versuchsbedingungen auf. Die über alle Versuchsbedingungen aller 14 Normalprobanden ermittelte Trefferquote lag mit 95,3%±1,1 deutlich über der Ratewahrscheinlichkeit, die sich bei 25% befand. Um zu prüfen, ob sich die einzelnen Trefferquoten der vier Versuchsbedingungen signifikant voneinander unterscheiden, wurde eine einfaktorielle ANOVA für Messwiederholungen mit dem Faktor Versuchsbedingungen berechnet. Das Ergebnis der ANOVA zeigte, dass zwischen den Verhaltensdaten der vier Versuchsbedingungen kein signifikanter Unterschied ($p = 0{,}979$) bestand und somit die Trefferquoten nicht von der jeweiligen Versuchsbedingung abhingen. Die durchschnittlichen Trefferquoten aller Normalprobanden der vier Versuchsbedingungen mit ihren Standardfehlern sind in Abb. 23 dargestellt.

II Experimenteller Teil

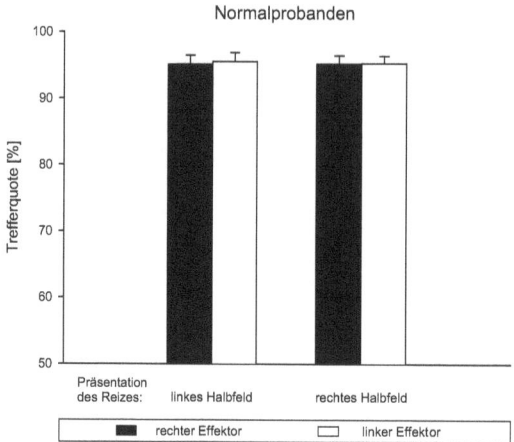

Abb. 23: Verhaltensdaten der 14 Normalprobanden: Durchschnitt der Trefferquote bei Durchführung der vier Versuchsbedingungen der visuomotorischen Aufgabe (Mittelwert [%] +SEM).

4.1.2 Kortikale Lateralisierungsmuster bei visueller Reizung

Die ermittelte kortikale Antwort auf die visuelle Reizung wird zunächst in einer Übersicht, im Abschnitt 4.1.2.1, und anschließend in einer detaillierten Betrachtung, im Abschnitt 4.1.2.2, dargelegt.

4.1.2.1 Übersicht der visuell-induzierten Aktivität

Die kortikale Aktivität der Gruppenanalyse der 14 Normalprobanden während der visuellen Reizphase ist in Abbildung 24 dargestellt. Der Gesamteffekt der jeweiligen effects of interest der 14 Normalprobanden wurde voxelweise mit one-sample t-tests errechnet. In Abbildung 24 wurden die ermittelten t-Werte, die eine Schwelle von $p \leq 0{,}001$ überschritten, auf Ansichten des Standardgehirns von superior und posterior projiziert. In der visuellen Reizphase wurden ausgedehnte Antworten im okzipito-parieto-frontalen Kortex ermittelt (siehe Abb. 24 A). Dabei waren im parieto-frontalen Kortex bei beiden Halbfeldreizungen nahezu die gleichen kortikalen Bereiche aktiv. Im Frontallappen wurde in der linken Hemisphäre des präfrontalen Kortex im mittleren und inferioren frontalen Gyrus, BA 9, 10 und 11, kortikale Aktivität nachgewiesen. Zusätzlich konnte im Frontallappen eine bilaterale Aktivität im prä- und supplementär-motorischen Kortex ermittelt werden. Hier wurde Aktivität im präzentralen, im

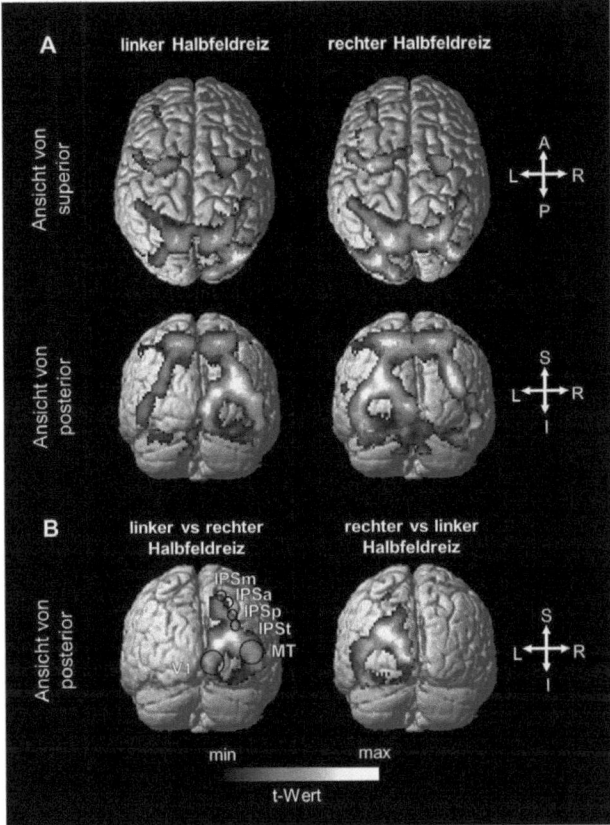

Abb 24: Gruppenstatistik der Normalprobanden (n = 14, one-sample t-tests) der kortikalen Aktivität für die visuelle Reizphase [zusammengefasste Antworten der Versuchsbedingungen 1 und 3 (linke Halbfeldreizung) und der Versuchsbedingungen 2 und 4 (rechte Halbfeldreizung)]. A: Das Aktivitätsmuster ist in der Hirnansicht von superior und posterior dargestellt. Die Halbfeldreizungen aktivierten die meisten Areale bilateral, wobei die Aktivierung in der Hemisphäre kontralateral zum jeweiligen Reiz dominiert. B: In der Ansicht des Gehirns von posterior zeigen die Kontraste linker versus rechter Halbfeldreiz und vice versa stärkere kontralaterale als ipsilaterale Antworten zu dem visuellen Reiz an. Zusätzlich sind die ROI-Positionen der rechten Hemisphäre eingezeichnet (gemäß Tabelle 2). In der zweidimensionalen Ansicht von posterior wird deutlich, dass das lokale Maximum von IPSm superior dem von IPSa liegt, jedoch befindet sich das lokale Maximum von IPSa weiter anterior (vergleiche z- und y-Werte in Tabelle 2). Bereich des Skalierungsbalkens: min t-Wert=0; max t-Wert=16. L/R = linke/rechte Hemisphäre, S=superior, I=inferior, A=anterior, P=posterior, CS=zentraler Sulcus; das Signifikanz-Niveau der Gruppenanalyse wurde auf p≤0,001 unkorrigiert für multiples Testen festgelegt mit einem Cluster von ≥50 Voxeln. Abbildung modifiziert nach Wolynski et al., (2009).

mittleren frontalen und im superior frontalen Gyrus, BA 6, quantifiziert. Im Parietallappen wurde entlang des intraparietalen Sulcus eine ausgeprägte bilaterale Aktivität deutlich. Diese zog sich bis in den Okzipitallappen fort, wobei in den frühen visuellen Arealen, insbesondere für V1, eine unilaterale Aktivität nachgewiesen wurde (siehe Abb. 24 A, untere Zeile).

Die Ergebnisse der Halbfeldreizungen zeigten deutlich, dass V1 bevorzugt bei Reizung im kontralateralen Halbfeld antwortete. Auch über V1 hinaus deutete sich eine Dominanz im okzipito-parietalen Kortex der Antworten bei Reizung im kontralateralen Halbfeld an (siehe Abb. 24 A, untere Zeile). Die Lateralisierung der visuellen Areale wurde durch den Vergleich der Aktivierungen bei Reizung im rechten beziehungsweise linken Halbfeld miteinander gezielt getestet und statistisch geprüft. Resultierend aus dem kategorialen Vergleich der Halbfeldreize miteinander wurde in weiten Teilen des okzipito-parietalen Kortex eine Dominanz der Aktivität jeweils in der Hemisphäre kontralateral zum jeweiligen Halbfeldreiz ersichtlich (siehe Abb. 24 B). Hier war in der entsprechenden Hemisphäre signifikant lateralisierte Aktivität im Okzipitallappen und im Parietallappen zu finden.

4.1.2.2 Detailbetrachtung der visuell-induzierten Aktivität

Im Folgenden werden die auf Gruppenniveau ermittelten kortikalen Aktivitäten der visuellen Reizphase in elf ROIs (gemäß Tabelle 2) quantitativ betrachtet. Dabei wurde überprüft, ob eine Lateralisierung einerseits zum visuellen Halbfeldreiz und andererseits zum antwortenden Effektor, mit dem in der bevorstehenden motorischen Antwortphase gedrückt werden sollte, bestand. Für jedes ROI wurden dreifaktorielle ANOVAs für Messwiederholungen mit den Faktoren gereiztes *visuelles Halbfeld* (rechts und links), *verwendeter Effektor* (rechts und links) und *Hemisphäre* (ipsilateral und kontralateral entweder zum visuellen Reiz oder zum verwendeten Effektor) berechnet. War bei der Analyse die Interaktion *visuelles Halbfeld x Hemisphäre* signifikant, bestand eine Lateralisierung zum visuellen Reiz, war die Interaktion *verwendeter Effektor x Hemisphäre* signifikant, bestand eine Lateralisierung zum Effektor.

Die Ergebnisse der BOLD-Antworten der untersuchten ROIs zeigten während visueller Reizung starke Amplituden in V1, MT, IPSt, IPSp, IPSm, IPSa, PMa und PMp, wobei IPSm die stärkste aufwies. Mit der Berechnung der dreifaktoriellen ANOVAs wurde ein Einfluss der Reizlateralisierung auf die BOLD-Antworten in V1, MT, IPSt, IPSp, IPSm, IPSa und PMa nachgewiesen. Hier waren die BOLD-Antworten kontralateral zum gereizten visuellen Halbfeld signifikant größer als ipsilateral (für V1, MT, IPSt, IPSa $p \leq 0,0001$, für IPSp und

II Experimenteller Teil

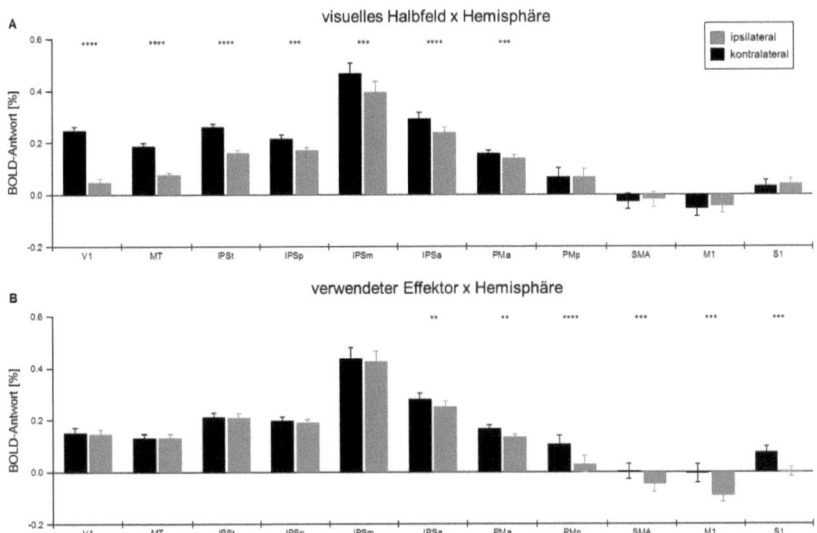

Abb 25: BOLD-Antworten der in Tabelle 2 aufgeführten ROIs während der visuellen Reizphase (Mittelwert ±SEM über 14 Normalprobanden). A: Gemittelte BOLD-Antworten der Versuchsbedingungen mit kontralateraler (schwarz) beziehungsweise ipsilateraler (grau) visueller Reizung. B: Gemittelte BOLD-Antworten der Bedingungen, bei denen mit kontralateralem (schwarz) beziehungsweise ipsilateralem (grau) Effektor in der bevorstehenden motorischen Antwortphase gedrückt werden sollte. Die Signifikanz-Niveaus (****$p \leq 0{,}0001$, ***$p \leq 0{,}001$, **$p \leq 0{,}01$) wurden mit dreifaktoriellen ANOVAs für Messwiederholungen für die Interaktionen visuelles Halbfeld x Hemisphäre (A) und verwendeter Effektor x Hemisphäre (B) ermittelt. Abbildung modifiziert nach Wolynski et al., (2009).

IPSm p=0,0002; siehe Abb. 25 A). Im Gegensatz dazu hatte die Reizlateralisierung keinen signifikanten Einfluss auf die BOLD-Antwort von PMp, SMA, M1 und S1.

Bemerkenswerterweise bestand bereits in der visuellen Reizphase in einigen ROIs eine Lateralisierung zum Effektor, welcher im visuellen Reiz angekündigt und mit dem in der bevorstehenden motorischen Antwortphase eine Bewegung ausgeführt werden sollte. Die BOLD-Antworten waren in IPSa, PMa, PMp, SMA, M1 und S1 kontralateral zum Effektor signifikant größer als ipsilateral (für IPSa p=0,0014, für PMa p=0,0057, für PMp $p \leq 0{,}0001$, für SMA p=0,0002, für M1 p=0,0008, für S1 p=0,0011; siehe Abb. 25 B). Im Gegensatz dazu hatte die Effektorlateralisierung keinen signifikanten Einfluss auf die BOLD-Antworten in V1, MT, IPSt, IPSp und IPSm.

4.1.3 Kortikale Lateralisierungsmuster bei motorischer Handlung

Die kortikale Aktivität der motorischen Antwortphase wird zunächst in einer Übersicht, im Abschnitt 4.1.3.1, und anschließend in einer detaillierten Betrachtung, im Abschnitt 4.1.3.2, dargelegt.

4.1.3.1 Übersicht der effektor-induzierten Aktivität

Die kortikale Aktivität der Gruppenanalyse der 14 Normalprobanden während der motorischen Antwortphase ist in Abbildung 26 dargestellt. Der Gesamteffekt der jeweiligen effects of interest der 14 Normalprobanden wurde voxelweise mit one-sample t-tests errechnet. Hier waren die ermittelten t-Werte, die eine Schwelle von $p \leq 0,001$ überschritten, auf Ansichten des Standardgehirns von superior und auf eine coronale Schnittansicht projiziert. In der motorischen Antwortphase wurde durch die Bewegung der Effektoren hauptsächlich ausgedehnte Aktivität im parieto-frontalen Kortex ermittelt (siehe Abb. 26 A). Im Speziellen wurde im Frontallappen bilaterale kortikale Aktivität im medialen, superioren und mittleren frontalen Gyrus, BA 8, 9 und 10, des präfrontalen Kortex nachgewiesen. Zusätzlich wurde im Frontallappen eine bilaterale Aktivität im primär-motorischen sowie im prä- und supplementär-motorischen Kortex ermittelt. Hier wurde Aktivität im präzentralen, im mittleren frontalen und im superior frontalen Gyrus, BA 4 und 6, quantifiziert. Bilaterale kortikale Aktivität trat auch posterior vom zentralen Sulcus auf, im primären somatosensorischen Kortex, BA 1, 2 und 3, und im superioren parietalen Kortex, BA 5 und 7, inklusive des superioren intraparietalen Sulcus. Zusätzlich wurde weniger ausgeprägte Aktivität in okzipito-temporalen Bereichen ermittelt. Nachgewiesen wurde Aktivität im primären und weiteren visuellen Kortizes, BA 17 und 18, im okzipito-temporalen Übergang, BA 19 und 37, und im inferioren Temporallappen, BA 20. Zusätzlich zur kortikalen Aktivität wurde auch das Kleinhirn während der motorischen Antwortphase aktiviert. Hier wurde weit verteilte parallel gelegene Aktivität in beiden Kleinhirnhälften ermittelt.

In den Ergebnissen deuteten sich vornehmlich im motorischen und somatosensorischen, aber auch im superioren Teil des parietalen Kortex eine Dominanz der Antworten für die Benutzung des kontralateralen Effektors an. Dies wurde durch den Vergleich der Aktivierungen bei Benutzung des rechten beziehungsweise linken Effektors miteinander gezielt getestet und statistisch geprüft. Resultierend aus dem kategorialen Vergleich der Effektoren miteinander war im primär motorischen, prä- und supplementär-motorischen, primär somatosensorischen und im superioren Teil des parietalen Kortex eine Dominanz der

II Experimenteller Teil

Aktivität jeweils in der Hemisphäre kontralateral zum jeweiligen Effektor ersichtlich (siehe Abb. 26 B, obere Zeile). Zusätzlich dominierte die Kleinhirnaktivität hier auf der Hirnhälfte, die gleichseitig mit dem benutzten Effektor war. Es lag im Kleinhirn also eine ipsilaterale Effektorlateralisierung vor (siehe Abb. 21 B, untere Zeile).

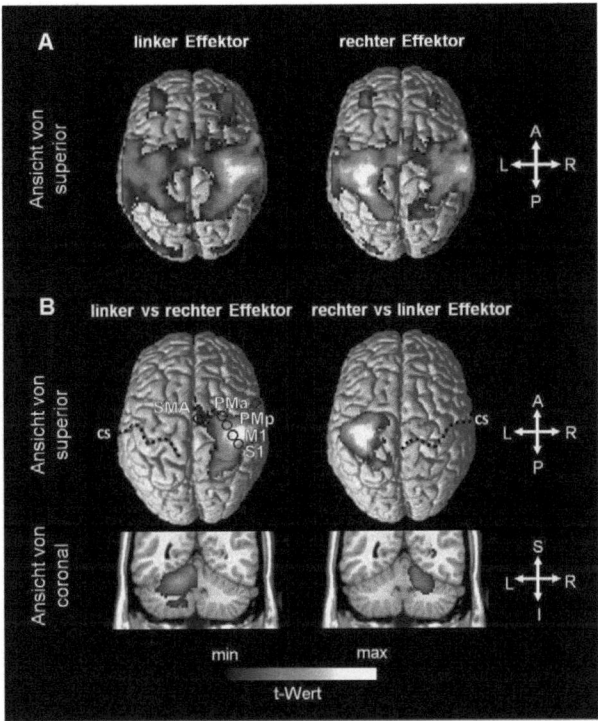

Abb 26: Gruppenstatistik der Normalprobanden (n=14) der kortikalen Aktivität für die motorische Antwortphase [zusammengefasste Antworten der Versuchsbedingungen 1 und 4 (linker Effektor) und der Versuchsbedingungen 2 und 3 (rechter Effektor); one sample t-Tests]. A: Das Aktivitätsmuster ist in der Hirnansicht von superior dargestellt. Die meisten Areale wurden bilateral aktiviert, wobei die Aktivierung in der Hemisphäre kontralateral zum jeweiligen Effektor dominiert. B: In der Ansicht des Gehirns von superior zeigen die Kontraste linker versus rechter Effektor und vice versa stärkere kontralaterale als ipsilaterale Antworten zu dem verwendeten Effektor an. Zusätzlich wurde in der ipsilateralen Hemisphäre zu dem benutzten Effektor Aktivität in der Kleinhirnrinde ermittelt, dargestellt in coronal ausgerichteten Schnittbildern. In der Ansicht von superior sind die ROI-Positionen der rechten Hemisphäre eingezeichnet (gemäß Tabelle 2). Bereich des Skalierungsbalkens: min t-Wert=0; max t-Wert=22 linker Effektor; max t-Wert=19 rechter Effektor; max t-Wert=3 linker vs rechter Effektor; max t-Wert=10 rechter vs linker Effektor. L/R=linke/rechte Hemisphäre, S=superior, I=inferior, A=anterior, P=posterior, CS=zentraler Sulcus; das Signifikanz-Niveau der Gruppenanalyse wurde auf $p \leq 0{,}001$ unkorrigiert für multiples Testen festgelegt mit einem Cluster von ≥ 50 Voxeln. Abbildung modifiziert nach Wolynski et al., (2009).

4.1.3.2 Detailbetrachtung der effektor-induzierten Aktivität

Im Folgenden werden die auf Gruppenniveau ermittelten kortikalen Aktivitäten der motorischen Antwortphase in elf ROIs (gemäß Tabelle 2) quantitativ betrachtet. Dabei wurde überprüft, ob die BOLD-Antwort einerseits zum visuellen Halbfeldreiz der vorausgegangenen visuellen Reizphase und andererseits zum verwendeten Effektor lateralisiert war. Für jedes ROI wurden dreifaktorielle ANOVAs für Messwiederholungen mit den Faktoren gereiztes *visuelles Halbfeld* (rechts und links), *verwendeter Effektor* (rechts und links) und *Hemisphäre* (ipsilateral und kontralateral entweder zum visuellen Reiz oder zum verwendeten Effektor) berechnet. War bei der Analyse die Interaktion *visuelles Halbfeld x Hemisphäre* signifikant, bestand eine Lateralisierung zum visuellen Reiz. War hingegen die Interaktion *verwendeter Effektor x Hemisphäre* signifikant, so bestand eine Lateralisierung zum Effektor.

Die Ergebnisse der BOLD-Antworten der untersuchten ROIs wiesen während motorischer Antwort in PMp, SMA, M1 und S1 starke und in V1, MT, IPSt und IPSp geringe Amplituden auf. Mit der Berechnung der dreifaktoriellen ANOVAs wurde ein Einfluss der Effektorlateralisierung auf die BOLD-Antworten in PMa, PMp, M1 und S1 nachgewiesen. Hier waren die BOLD-Antworten kontralateral zum verwendeten Effektor signifikant größer als ipsilateral (für PMa, PMp, M1 und S1 p≤0,0001, für SMA p=0,0004; siehe Abb. 27 B). Im Gegensatz dazu hatte die Effektorlateralisierung keinen signifikanten Einfluss auf die BOLD-Antwort von V1, MT, IPSt, IPSp, IPSm und IPSa.

Die meisten fMRT-Antworten hingen während der motorischen Antwortphase nicht von der Reizlateralisierung der vorhergehenden visuellen Reizphase ab. Eine Ausnahme bildeten V1 und MT, wobei die BOLD-Antworten der ipsilateralen Halbfeldreizung, die der kontralateralen signifikant überstiegen (für V1 p≤0,0001 und für MT p=0,0011; siehe Abb. 27 A). Dieses Resultat wurde durch eine zusätzliche ROI-Analyse der Brodmann Areale 17, 18 und 19 bestätigt. Dabei zeigten alle drei ROIs in der visuellen Reizphase eine signifikant erhöhte kontralaterale Lateralisierung zum visuellen Halbfeld (BA 17, BA 18 und BA 19: p≤0,0001) und ein invertiertes Lateralisierungmuster in der motorischen Antwortphase an (BA 17 und BA 18: p≤0,0001, BA 19: p=0,0017). Bemerkenswerterweise war das paradoxe Lateralisierungsmuster nicht in den IPS-Regionen vorhanden, welche während der visuellen Reizphase besonders stark aktiviert wurden. Demzufolge ist es unwahrscheinlich, dass das in V1 und MT aufgetretene Aktivitätsmuster während der motorischen Antwortphase aufgrund des gejitterten event-related fMRT Designs eine direkte Konsequenz der vorangegangenen visuellen Reizung darstellt. Anstatt dessen wird vermutet, dass die ipsilaterale kortikale Aktivität der paradoxen Lateralisierung möglicherweise nach ihrer Unterdrückung, die zuvor durch die visuelle Reizphase induziert wurde, wieder auf Normalniveau zurückkehrte und so eine Antwort vortäuschte (negative BOLD; Shmuel et al., 2006; Smith et al., 2004).

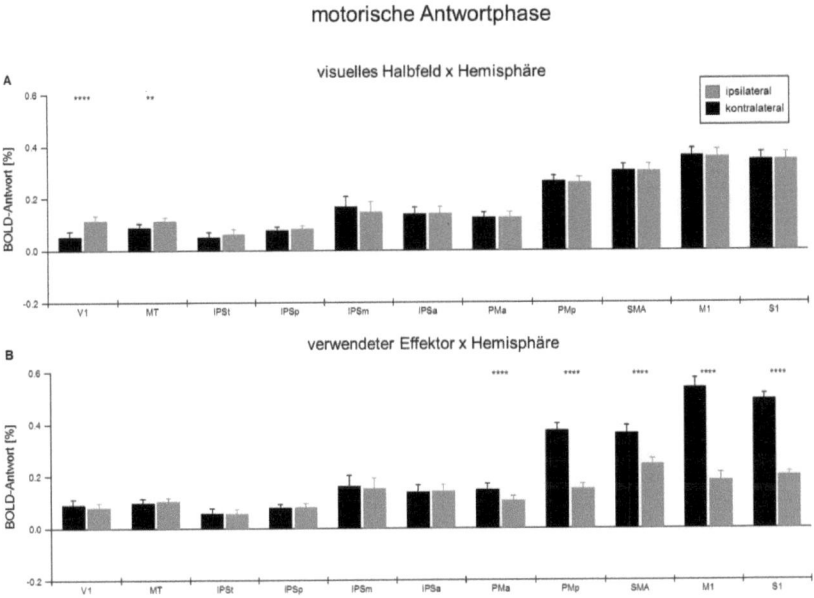

Abb 27: BOLD-Antworten der in Tabelle 2 aufgeführten ROIs während der motorischen Antwortphase (Mittelwert ±SEM über 14 Normalprobanden). A: Gemittelte BOLD-Antworten der Bedingungen mit kontralateraler (schwarz) beziehungsweise ipsilateraler (grau) Reizung der vorausgegangenen visuellen Reizphase. B: Gemittelte BOLD-Antwort der Bedingungen, bei denen mit dem kontralateralen (schwarz) beziehungsweise mit dem ipsilateralen (grau) Effektor gedrückt werden sollte. Die Signifikanz-Niveaus (****$p \leq 0{,}0001$, **$p \leq 0{,}01$) wurden mit dreifaktoriellen ANOVAs für Messwiederholungen für die Interaktionen visuelles Halbfeld x Hemisphäre (A) und verwendeter Effektor x Hemisphäre (B) ermittelt. Abbildung modifiziert nach Wolynski et al., (2009).

4.1.4 Funktionelle Konnektivitätsanalyse – ein okzipito-parieto-frontales Netzwerk

Die Ergebnisse der detaillierten Quantifizierung der kortikalen Lateralisierungsmuster während der visuellen Reizung und der motorischen Ausführung motiviert die Hypothese, dass IPSa stärker mit den prä- und supplementär-motorischen Arealen funktionell verbunden ist als die weiter posterior gelegenen IPS-Regionen. Um dies zu prüfen wurde zusätzlich mit den Daten eine funktionelle Konnektivitätsanalyse in zwei Ansätzen durchgeführt. Im ersten Ansatz wurde zu jeder IPS-Referenzregion eine Korrelationskarte als Übersichtskarte nach dem Allgemeinen Linearen Modell generiert. Hierbei wurde der zeitliche Signalverlauf aller Voxel im Hirn nach Ähnlichkeit zur jeweiligen Referenzregion statistisch geprüft. (Abschnitt 4.1.4.1). Im zweiten Ansatz erfolgte eine detaillierte Betrachtung der funktionellen Konnektivität von IPSa mit visuellen und motorischen Arealen im direkten Vergleich zu der funktionellen Konnektivität der Areale mit dem weiter posterior gelegenen IPSt. Hier wurden lineare Korrelationsbestimmungen nach Pearson durchgeführt und im z-transformierten Zustand der Daten wurde geprüft, ob die funktionelle Konnektivität der zwei IPS-Referenzregionen zu visuellen und motorischen Arealen gleich ist (Abschnitt 4.1.4.2).

4.1.4.1 Übersicht funktioneller Korrelationen mit IPS-Arealen

Die Ergebnisse der Übersichtsanalyse zeigen die funktionelle Konnektivität jedes einzelnen IPS-ROIs in einer dreidimensionalen Ansicht des Gehirns (Abb. 28). Der Gesamteffekt der Gruppenanalyse der 14 Normalprobanden wurde voxelweise mit one-sample t-tests errechnet. In Abbildung 28 wurden die ermittelten t-Werte, die eine Schwelle von $p \leq 0,001$ überschritten, auf Ansichten des Standardgehirns von posterior, lateral und superior projiziert. Die Ergebnisse zeigten eine Wanderwelle der funktionellen Konnektivität der von posterior nach anterior gelegenen Areale mit den Referenz-Arealen entlang des dorsalen Pfades an. Mit den IPSt-Referenzzeitreihen beider Hemisphären korrelierten vornehmlich Areale des okzipitalen und okzipito-parietalen Kortex sowie breite Teile des temporalen Kortex. Im Speziellen wurden bilaterale Korrelationen im BA 17, 18 und 19 des Okzipitallappens, im posterioren Teil des BA 7 des Parietallappens und im BA 39, 22, 41 und 38 im mittleren und superioren Teil des Temporallappens ermittelt. Ebenfalls korrelierten Bereiche des inferioren prä- und postzentralen Gyrus im BA 4, 6 und 43 mit den IPSt-Referenzzeitreihen sowie Bereiche des superior frontalen Gyrus im BA 9 und 10 der linken Hemisphäre. Von den in dieser Arbeit untersuchten ROIs gemäß der Tabelle 2 korrelierten die Voxel der V1-, MT- und IPSp-ROIs mit den IPSt-Referenzzeitreihen.

Im Gegensatz zur breitflächig gestreuten funktionellen Konnektivität von IPSt mit überwiegend posterior und inferior gelegenen Arealen, korrelierten generell weniger Areale mit den IPSp-Referenzzeitreihen beider Hemisphären. Im Vergleich zur Korrelationskarte von IPSt war die funktionelle Konnektivität des ROIs IPSp stärker in Richtung anterior verlagert. Die Analyse zeigte Korrelationen mit dem Precuneus sowie dem superioren und inferioren parietalen Kortex in dem BA 7 und 40. Ferner korrelierten Bereiche des zwischen dem superioren und inferioren parietalen Kortex liegenden intra-parietalen Sulcus mit den IPSp-Referenzzeitreihen. Dabei wurden Korrelationen einiger Voxel der IPSt- und IPSa-ROIs der Tabelle 2 mit den IPSp-Referenzzeitreihen nachgewiesen. Ebenso korrelierten im Frontallappen einige Bereiche des superior frontalen Gyrus im BA 8, sowie des mittleren frontalen Gyrus im BA 46, 10 und 9, der rechten Hemisphäre mit den Referenzzeitreihen von IPSp.

Die Übersichtskarte vom ROI IPSm korrespondierte mit der vom ROI IPSt. Hier wurden ebenfalls hauptsächlich lokale Korrelationen im parietalen Kortex ermittelt, das heißt es korrelierten vornehmlich die Zeitreihen der zu dem Referenz-ROI umliegenden Voxel. Im Speziellen wurden bilaterale Korrelationen im Precuneus und im superior parietalen Kortex des BA 7, im inferior parietalen Kortex des BA 40, im intraparietalen Sulcus sowie im somatosensorischen Kortex des BA 2, im postzentralen Gyrus des Parietallappens ermittelt. Fokussiert auf den intraparietalen Sulcus wurden in der linken Hemisphäre Korrelationen mit einigen Voxeln der ROIs IPSp und IPSa und in der rechten Hemisphäre Korrelationen mit einigen Voxeln des ROIs IPSA der Tabelle 2 ermittelt. Im Vergleich zu der vornehmlich lokalen Ausprägung der funktionellen Konnektivität von IPSp und IPSm mit weiteren Arealen, zeigte die Übersichtskarte von IPSa, ähnlich wie die von IPSt, breitflächige Korrelationen. Hier wurden Korrelationen mit parietalen und frontalen Arealen deutlich. Konkret korrelierten mit den IPSa-Referenzzeitreihen bilaterale Bereiche des Precuneus und des superior parietalen Kortex im BA 7 des Parietallappens. Zusätzlich wurden im Parietallappen korrelierende Bereiche im BA 3 des postzentralen Gyrus im somatosensorischen Kortex ermittelt. Im Frontallappen korrelierten Bereiche innerhalb des Motorkortex mit der IPSa-Referenzzeitreihe. Im Speziellen wurden im primär motorischen Kortex, BA 4, sowie im prä- und supplementär-motorischen Kortex im parazentralen Lappen, im medial und superior frontalen sowie im präzentralen Gyrus, BA 6, Korrelationen ermittelt.

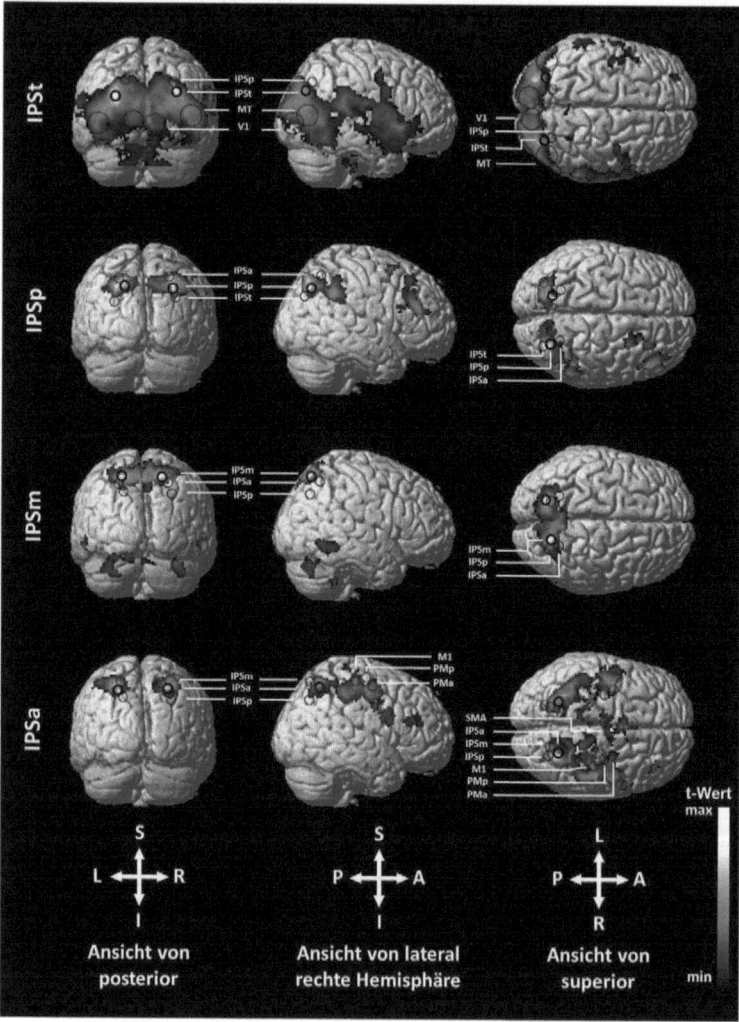

Abb. 28: Gruppenstatistik (n = 14) der funktionellen Konnektivitätsanalyse von IPSt, IPSp, IPSm und IPSa. Die ROIs der Tabelle 2 sind eingekreist, wobei das jeweilige ROI mit der Referenzzeitreihe („seed ROI") mit einer dicken Markierung hervorgehoben ist. L/R = linke/rechte Hemisphäre, S = superior, I = inferior, A = anterior, P = posterior; das Signifikanz-Niveau der Gruppenanalyse wurde auf p≤0,001 FDR-korrigiert festgelegt mit einem Cluster von ≥30 Voxeln. Abbildung modifiziert aus Wolynski et al., (2009).

Korrelationen mit Voxeln der ROIs IPSp, IPSm S1, M1, PMp, PMa und SMA gemäß der Tabelle 2 vorhanden. Zusätzlich wurden im Frontallappen der rechten Hemisphäre im Unter den beschriebenen parieto-frontalen korrelierenden Bereichen waren bilaterale inferioren frontalen, BA 9 und 44, und im mittleren frontalen Gyrus, BA 10 und 46, Korrelationen ermittelt. Für die hier untersuchten ROIs der Tabelle 2 ging aus der Analyse hervor, dass Areale des visuellen Systems vornehmlich mit IPSt funktionell verbunden sind, während die prä- und supplementär-motorischen Areale hauptsächlich eine funktionelle Konnektivität mit IPSa aufwiesen. Im Vergleich ist die funktionelle Konnektivität von IPSp und IPSm jeweils weniger weitläufig, sondern eher lokal, überwiegend mit dem parietalen Kortex ausgeprägt.

4.1.4.2 Detailbetrachtung funktioneller Konnektivität von IPSa und IPSt

In einer zweiten Analyse wurden die Ergebnisse der beiden IPSt- und IPSa-ROIs der Übersichtsanalyse im Detail ausgewertet. Dafür wurden Pearson-Korrelationskoeffizienten von IPSt und IPSa mit den spezifischen ROIs V1, MT, PMa, PMp und SMA der Tabelle 2 berechnet und z-transformiert (Fisher, 1921). In diesem Zustand wurde mit gepaarten t-Tests (sequentiell Bonferroni korrigiert nach Holm, 1979) untersucht, welche der visuellen und motorischen ROIs stärker mit IPSt beziehungsweise mit IPSa korrelieren. Die Ergebnisse des statistischen Vergleichs sind in Abbildung 29 dargestellt. Die Analyse zeigte, dass die Korrelation der MT-Zeitreihen mit IPSt im Vergleich zu IPSa signifikant stärker ausfällt (MT-IPSt vs MT-IPSa: 0,70 vs 0,60; $p \leq 0,05$). Im Gegensatz dazu korrelierten die PMa- und PMp-Zeitreihen signifikant stärker mit IPSa als mit IPSt (PMa-IPSt vs PMa-IPSa: 0,61 vs 0,67; $p \leq 0,05$ und PMp-IPSt vs PMp-IPSa: 0,49 vs 0,57; $p \leq 0,05$). Die Resultate weisen auf eine maßgebliche funktionelle Interaktion der IPSa Aktivierungen mit jenen Arealen hin, die mit motorischer Ausführung in Zusammenhang stehen. Diese Erkenntnis unterstreicht die Bedeutung von IPSa als Bindeglied bei visuell induzierten motorischen Ausführungen.

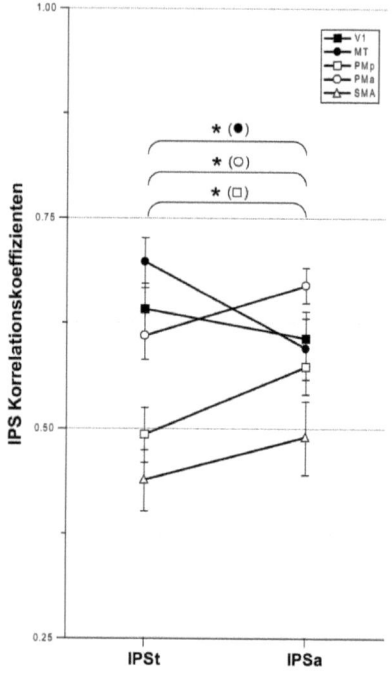

Abb. 29: Korrelation der Zeitreihen von IPSt und IPSa mit denen von V1, MT, PMa, PMp und SMA (Mittelwert ±SEM über 14 Normalprobanden). Die ROIs, für die sich die erhaltenen Korrelationen mit IPSt und IPSa signifikant voneinander unterscheiden (*$p \leq 0{,}05$), sind durch die entsprechenden Symbole (MT: •; PMa: ○; PMp: □) angezeigt. Die Signifikanz-Niveaus wurden mit gepaarten t-Tests ermittelt und für multiples Testen korrigiert [sequentielle Bonferroni Korrektur (Holm, 1979)]. Abbildung modifiziert nach Wolynski et al., (2009).

II Experimenteller Teil

4.2 Visuomotorische Integration bei Albinismus

Bei Normalprobanden wurde ein okzipito-parietal-frontales Netzwerk identifiziert, das mit der visuomotorischen Integration befasst ist. Resultierend aus den Ergebnissen stellt sich die Frage wie das Netzwerk funktioniert, wenn es einen abnormal lateralisierten visuellen Eingang bekommt, wie er bei Albinismus vorliegt. Bei Albinismuspatienten kreuzt fälschlicherweise ein Teil der temporalen Netzhaut zur kontralateralen Hemisphäre. Diese Sehnervenfehlkreuzung stellt ein Modell der Selbstorganisation und Plastizität im visuellen Kortex des Menschen dar. In den folgenden Untersuchungen wurden die albinotische Projektionsanomalie und ihre Auswirkungen auf das kortikale Netzwerk genau charakterisiert. Hierbei wurde ermittelt, ob neben den frühen visuellen Arealen auch höhere Verarbeitungsstufen des visuellen Systems sowie prämotorische, motorische und somatosensorische Areale von der Repräsentationsabnormalität betroffen sind. Die Ergebnisse wurden bei *Neuropsychologia* eingereicht und sind zur Veröffentlichung angenommen (Wolynski et al., im Druck).

4.2.1 Patientenklassifizierung

Personen mit Albinismus haben ein verändertes Sehsystem, welches individuelle visuelle Defizite bedingt. Um das Sehvermögen der in der vorliegenden Arbeit untersuchten 14 Albinismuspatienten zu quantifizieren, wurde für jeden Patienten ein ophthalmologischer Status erhoben. Zusätzlich wurde eine Charakterisierung der Phänotyppigmentierung anhand der Kopf- und Hautpigmentierung nach von dem Hagen und Kollegen (2007) durchgeführt (siehe Abschnitt 4.2.1.1).

Bei den meisten der untersuchten Patienten wurde die Diagnose Albinismus nicht mit einem genetischen Befund belegt, sondern beruhte auf einer vorausgegangenen augenärztlichen Diagnose. Daher wurde mit einer VEP-Untersuchung nach Apkarian und Kollegen (1983) ermittelt, ob eine albinotische Sehnervenfehlkreuzung vorliegt (siehe Abschnitt 4.2.1.2).

Durch eine Vorwegnahme eines Teils der magnetresonanztomographischen Ergebnisse, die im Weiteren der hier vorliegenden Arbeit näher beschrieben werden, wurde das Ausmaß der abnormalen Repräsentation in Areal V1 ermittelt. Mit den erhobenen Daten über das Ausmaß der Sehschärfe, Nystagmus, Phänotyppigmentierung und abnormalen Repräsentation in V1 wurde eine multiple lineare Regressionsanalyse berechnet, um eventuelle Korrelationen zwischen den Variablen ausfindig zu machen (siehe Abschnitt 4.2.1.3). Alle erhobenen Ergebnisse aus Abschnitt 4.2.1.1, 4.2.1.2 und 4.2.1.3 sind in Tabelle 5 dargestellt.

4.2.1.1 Ophthalmologische- und Phänotyp-Charakteristika

Die ophthalmologische Charakterisierung der 14 Albinismuspatienten zeigte, dass neun von 14 Patienten das Sehen mit dem linken Auge bevorzugten. Daher wurde dieses bei der später beschriebenen fMRT-Messung untersucht. Die refraktionskorrigierte Sehschärfe des linken Auges betrug im Median 0,25 und im rechten Auge 0,20. Bei beiden Augen lag jeweils eine Spanne von 0,10 bis 0,60 vor. Die horizontale Nystagmusamplitude des linken Auges lag im Median bei 3,80° und wies eine Spanne von <0,50° bis 6,40° auf. Die horizontalen Nystagmusamplituden waren in ihrem Ausmaß bei verschiedenen Messmethoden und in Messungen an verschiedenen Tagen reproduzierbar (Pearson-Korrelationskoeffizient r: 0,72; p<0,028; n=9). Es wurde demnach angenommen, dass die Nystagmusamplituden während der MR-Messung denen außerhalb des MR-Tomographen ermittelten glichen. Die beiden Testverfahren zur Einschätzung des Stereosehens (Lang- und TNO-Stereotest) zeigten bei allen untersuchten Albinismuspatienten ein negatives Ergebnis an. Demzufolge fehlte allen Patienten das Stereosehen. Das Ausmaß der Iristransluzenz lag zwischen komplett und lokal durchleuchtbar. Dabei wiesen neun Albinismuspatienten eine ringförmig ausgeprägte, aber nicht vollständige, drei eine komplette und zwei eine lokale Iristransluzenz auf. Der Phänotyp wurde nach der nummerischen Pigmentierungsskala nach von dem Hagen und Kollegen (2007) klassifiziert. Die Ergebnisse zeigten, dass sieben Patienten eine weiße Kopfbehaarung mit Gelbanteil und eine weiße Haut mit eventueller Bräunung aufweisen. Drei Albinismuspatienten sind völlig pigmentfrei, während vier deutlich pigmentiert sind (vergleiche mit den Portraitfotos der Albinismuspatienten in Abb. 17).

4.2.1.2 Prüfung auf albinotische Sehnervenfehlkreuzung mit dem VEP

Der Abschnitt 4.2.1.1 verdeutlicht, dass Albinismus in einer Fülle unterschiedlicher Ausprägungen auftritt und dass die okulären Symptome wie die reduzierte Sehschärfe, der Nystagmus und die Iristransluzenz variabel ausgeprägt sind. Ebenfalls wird deutlich, dass Albinismus nicht immer mit einem Pigmentdefizit von Haut und Haaren assoziiert ist (siehe Abb. 17). Aufgrund der interindividuellen Variation der okulären Einschränkungen und des Phänotyps wird die Festlegung der klinischen Diagnose Albinismus erschwert. Das Merkmal, das jedoch Albinismus von anderen Krankheitsbildern unterscheidet, ist die Sehnerven-

II Experimenteller Teil

fehlkreuzung, die bei allen Albinismusformen vorkommt. Eine elektrophysiologische Prüfung auf eine vorhandene Sehnervenfehlkreuzung kann die Diagnose Albinismus erhärten (Apkarian et al., 1983).

Bei den im Rahmen der vorliegenden Arbeit untersuchten Patienten war die Diagnose Albinismus bei den meisten nicht mit einem genetischen Befund abgesichert (siehe Punkt 11 in Tabelle 5). Daher wurde dies elektrophysiologisch mit konventionellen VEPs kontrolliert. Da bei vier der Albinismuspatienten bereits in einer anderen Studie die Sehnervenfehlkreuzung mit VEPs nachgewiesen wurde (Hoffmann et al., 2005), wurde die VEP-Untersuchung nur bei den restlichen 10 Patienten durchgeführt. Zur Erhärtung der Ergebnisse wurden die VEPs bei zwei verschiedenen Reizkontraststärken und jeweils für drei verschiedene Schachbrettkästchengrößen durchgeführt. Wie im Grundlagenteil dieser Arbeit beschrieben (Abschnitt 2.2.1), ist im Normalfall die Polarität der interhemisphärischen Aktivierungsdifferenz bei separater Schachbrettreizung des linken und des rechten Auges identisch, bei Albinismuspatienten hingegen, hängt die Polarität der interhemisphärischen Aktivierungsdifferenz davon ab, welches Auge gereizt wurde. Die in Abbildung 30 aufgeführten VEP-Ergebnisse zeigten stets eine antiparallele Polaritätsumkehr der interhemisphärischen Aktivierungsdifferenz, was ein typisches Zeichen für Albinismus ist. Diese Umkehr der Lateralisierung bei den vergleich der jeweils gereizten Augen wurde die Berechnung von Pearson-Korrelationskoeffizienten nach Soong und Kollegen (2000) und Hoffmann und Kollegen (2005) objektiv quantifiziert, indem eine Korrelation zwischen der Polarität der interhemisphärischen Aktivierungsdifferenz bei Reizung des linken und derjenigen bei Reizung des rechten Auges in dem Zeitintervall 50-150 ms nach Reizbeginn untersucht wurde. Die Referenzwerte des hiesigen Labors zeigen für alle sechs Reize aufgrund der normalen Sehnervenprojektion der Normalprobanden (n=11; im Alter von 24 bis 60 Jahren; Durchschnittsalter 38 Jahre; sechs Frauen) und der daraus resultierenden parallelen Polarität der interhemisphärischen Aktivierungsdifferenz, positive Korrelationskoeffizienten. Die Spannweite der über die Normalprobanden gemittelten Korrelationskoeffizienten für jede Kästchengröße und jede Kontraststärke lag zwischen 0,718 und 0,864 (für die Berechnung der jeweiligen Mittelwerte ±SD wurden die Daten mit der Fischer-Z-Transformation an eine Normalverteilung angeglichen; siehe Tabelle 4). Im Gegensatz dazu waren die Korrelationskoeffizienten bei den Albinismuspatienten aufgrund der Sehnervenfehlkreuzung und der daraus resultierenden antiparallelen Polarität der interhemisphärischen Aktivierungsdifferenz negativ. Hier lag die Spannweite der über die Albinismuspatienten gemittelten Korrelations-

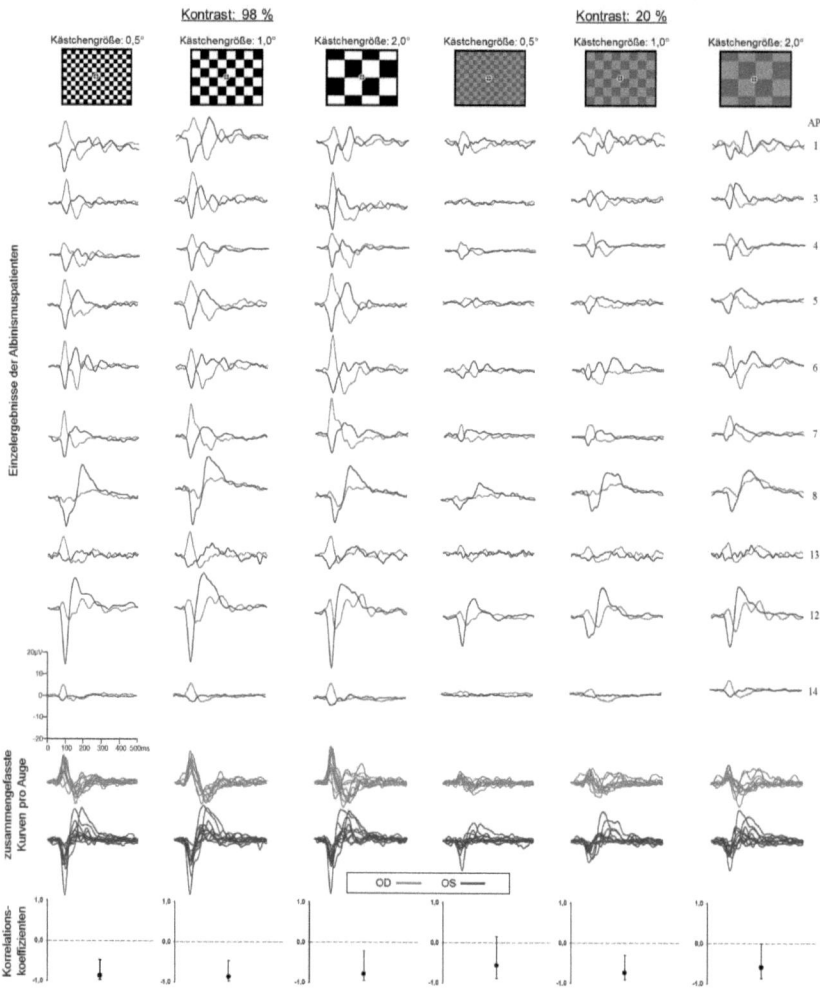

Abb. 30: Interhemisphärische Aktivierungsdifferenzen von 10 Albinismuspatienten (AP) bei Reizung des rechten (rot) und linken (blau) Auges mit sechs verschiedenen Reizen. Dargestellt sind für jeden Reiz 1) die VEP-Einzelergebnisse der Albinismuspatienten (Reihenfolge von oben nach unten analog zu der in Tabelle 5, siehe AP-Nummerierung rechts), 2) deren separat pro Auge aufgezeigtes VEP-Gruppenergebnis sowie 3) die über alle Patienten gemittelten Korrelationskoeffizienten ±SD (die Korrelationskoeffizienten wurden im z-transformierten Zustand gemittelt und anschließend für die Darstellung rücktransformiert). Die VEP-Kurven aller Patienten zeigten bei jedem Reiz antiparallele Polaritäten der interhemisphärischen Aktivierungsdifferenz und damit die für Albinismus typische Sehnervenfehlkreuzung an. Bestätigt wurde dieses Ergebnis mit den durchweg negativen Korrelationskoeffizienten (die im Text enthaltenen Referenzdaten sind durchweg positiv).

II Experimenteller Teil

koeffizienten für jede Kästchengröße und Kontraststärke zwischen -0,568 und -0,886 (für die Berechnung der jeweiligen Mittelwerte ±SD wurden die Daten mit der Fischer-Z-Transformation an eine Normalverteilung angeglichen; siehe Tabelle 4 und Abb. 30).

Tabelle 4: Vergleich der Mittelwerte ±SD der Korrelationskoeffizienten zwischen Normalprobanden (n=11) und Albinismuspatienten (n=10) bei verschiedenen Kästchengrößen und Kontraststärken

	Normalprobanden			Albinismuspatienten		
Kästchengröße:	0,5°	1°	2°	0,5°	1°	2°
Kontrast 98%	0,859 +0,10/-0,25	0,803 +0,13/-0,31	0,762 +0,14/-0,30	-0,868 +0,39/-0,10	-0,886 +0,36/-0,09	-0,790 +0,57/-0,17
Kontrast 20%	0,864 +0,10/-0,30	0,736 +0,18/-0,43	0,718 +0,18/-0,40	-0,568 +0,71/-0,33	-0,740 -0,44/-0,18	-0,592 -0,58/-0,28

Mit Hilfe der VEP-Untersuchung wurde bei allen Patienten eine Sehnervenfehlkreuzung nachgewiesen und die Diagnose Albinismus bestätigt. Um zu ermitteln, welche Kontraststärke und Kästchengröße die Sehnervenfehlkreuzung am besten detektierte, wurden die Korrelationskoeffizienten jedes Reizes mittels einer Fischer-Z-Transformation in eine Normalverteilung überführt und statistisch untersucht. Die Berechnung einer zweifaktoriellen ANOVA für Messwiederholungen mit den Faktoren Kontraststärke (98% & 20%) und Kästchengröße (0,5°, 1° & 2°) ergab, dass sich im Durchschnitt die Sehnervenfehlkreuzung mit kontrastreichen Schachbrettreizen besser ermitteln ließ (p=0,015), wobei die Kästchengröße eine untergeordnete Rolle zu spielen schien (p=0,060; Interaktion der Faktoren: p=0,301). Die Einzeldaten demonstrierten jedoch, dass eine vielfältige Abtastung der Polarität mit sowohl unterschiedlichen Kontraststärken als auch unterschiedlichen Kästchengrößen bei der Dateninterpretation hilft und somit das diagnostische Potential des Ansatzes erhöht.

4.2.1.3 fMRT-basierte Quantifizierung der abnormalen Repräsentation in V1

Mit den magnetresonanztomographischen Ergebnissen, auf die im weiteren Teil der hier vorliegenden Arbeit näher eingegangen wird, wurde bei rechter visueller Halbfeldreizung (Versuchsbedingungen 2 und 4) des linken Auges das Ausmaß der abnormalen Repräsentation im Areal V1 ermittelt. Die Ergebnisse deuten auf eine interindividuelle Variabilität des Ausmaßes der Sehnervenfehlkreuzung hin, welche durch den Lateralisierungsindex I_L ausgedrückt wird. Wie bereits im Methodenteil beschrieben (siehe Abschnitt 3.3.2.8), entsprechen negative und positive I_L-Werte jeweils einer normalen und einer abnormalen Sehnervenprojektion. Es bestand bei der Hälfte des Patientenkollektives eine dominante abnormale Reizrepräsentation (n=7; $I_L \geq 0$; Median I_L: +0,75) und bei der anderen Hälfte eine dominante normale Reizrepräsentation im Areal V1 der rechten Hemisphäre (n=7; $I_L \leq 0$; Median I_L: -0,56; siehe positive und negative I_L-Werte in Tabelle 5; Median I_L der 14 Normalprobanden aus Abschnitt 3.2.1 als Referenz: -0,75). Eine interindividuelle Variabilität des Ausmaßes der Sehnervenfehlkreuzung konnte auch in anderen Albinismusstudien nachgewiesen werden (Creel et al., 1981; Hoffmann et al., 2003; 2005; Schmitz et al., 2004; von dem Hagen et al., 2007).

Eine multiple lineare Regressionsanalyse mit der abhängigen Variable I_L und den unabhängigen Variablen Pigmentierung des Phänotyps, Sehschärfe und Nystagmus, ergab, dass der I_L nur mit dem Grad des Pigmentdefizits signifikant korrelierte (p=0,028). Das heißt, dass die Albinismuspatienten, die im Durchschnitt einen stärker pigmentierten Phänotyp aufwiesen, vorwiegend eine normale Repräsentation des visuellen Reizes im Areal V1 aufzeigten. Im Gegensatz dazu ist das Ausmaß des I_L aber weitgehend unabhängig von den funktionellen Defiziten wie Sehschärfe und okulomotorischen Instabilitäten (jeweils p=0,135 und p=0,444), was mit den Albinismusstudien von Hoffmann und Kollegen (2005) sowie der von dem Hagen und Kollegen (2007) übereinstimmt. Ein ähnliches Ergebnis wurde bei der Beurteilung der Phänotyppigmentierung nach der Pigmentierungsskala von Schmitz und Kollegen (2003) erzielt (Ergebnisse der multiplen linearen Regressionsanalyse: Korrelation des I_L mit der Haarpigmentierung, p=0,031; jedoch keine Korrelationen jeweils mit der Sehschärfe und dem Nystagmus, p=0,146 und p=0,655).

II Experimenteller Teil

Tabelle 5: Klassifizierung der Albinismuspatienten

AP[1]	Alter	G[2]	AD[3]	Sehschärfe[4] OS	Sehschärfe[4] OD	Nystagmus[5] A	Nystagmus[5] F	Stereosehen[6] L	Stereosehen[6] T	Iris-Transluzenz[7]	VEP[8]	I_L[9]	Pigment[10]	Typ[11]
1	24	m	OD	0,32	0,25	3,0	3,2	-	-	2	+	0,39	2	OCA1B
2	38	w	OS	0,13	0,13	5,9	4,2	-	-	1	+	0,38	1	OCA1A
3	41	m	OS	0,16	0,13	6,0	4,7	-	-	1	+	0,75	1	OCA1A
4	34	w	OS	0,40	0,45	1,9	3,6	-	-	2	+	0,79	2	OCA2
5	29	w	OD	0,10	0,13	5,6	4,5	-	-	2	+	1,00	2	?
6	40	w	OD	0,13	0,10	6,0	1,5	-	-	1	+	0,76	1	OCA1A
7	36	w	OS	0,13	0,15	6,4	3,8	-	-	2	+	0,34	2	?
8	29	w	OS	0,32	0,32	2,0	3,0	-	-	2	+	-0,59	2	?
9	39	m	OS	0,50	0,32	0,4	1,0	-	-	2	+	-0,01	2	?
10	24	m	OS	0,25	0,25	6,2	5,2	-	-	3	+	-0,56	5	OA
11	24	m	OS	0,60	0,60	1,7	1,8	-	-	3	+	-1,00	6	?
12	32	m	OD	0,25	0,25	0,3	2,0	-	-	2	+	-0,02	6	OA
13	26	m	OS	0,40	0,13	1,3	2,2	-	-	2	+	-0,69	6	?
14	47	m	OD	0,20	0,13	4,6	3,0	-	-	2	+	-0,12	2	OCA1

1. AP: Albinismuspatienten

2. G: Geschlecht
   – w = weiblich; – m = männlich

3. AD: Augendominanztest nach Rosenbach (1903)
   – OS = Oculus sinister, linkes Auge; – OD = Oculus dexter, rechtes Auge

4. Sehschärfe: refraktionskorrigiert, bestimmt von einer Augenoptikerin der Augenklinik Magdeburg; Normwert: 1,0 und darüber (Bach & Kommerell, 1998)

5. Nystagmus: mittlere Amplitude des Horizontalnystagmus des linken Auges bei Geradeausblick (videookulographische Messung; Amplitude [±°]; Frequenz [/s])

6. Klinische Tests zum Stereosehen: Lang-Stereotest, TNO-Stereotest
   – ‚-' = kein Stereosehen

7. Iris-Transluzenz: Durchleuchtbarkeit der Iris an der Spaltlampe, bestimmt von einem Ophthalmologen der Augenklinik Magdeburg:
   – 1: volle; – 2: ringförmig ausgeprägte, aber nicht vollständige; – 3: lokale; – 4: keine

8. VEP: visuell evozierte Potentiale, Paradigma nach Apkarian (1983) zur Detektion der albinotischen Fehlkreuzung
   – ‚+' = Albinismus detektiert

9. I_L: Lateralisierungsindex (berechnet nach Michelson-Kontrast) zur Quantifizierung der abnormalen Repräsentation in V1

10. Grad der Pigmentierung (nach von dem Hagen et al., 2007)
    – 1: keine Pigmentierung; – 2: gelblich-weißes Haar, weiße Haut eventuell gebräunt; – 3: hellblondes Haar, blasse Haut etwas gebräunt; – 4: hellblondes Haar, blasse Haut mit sichtbarer Bräunung; – 5: dunkelblondes oder hellbraunes Haar, gute Bräunung; – 6: braunes, dunkelbraunes oder schwarzes Haar, gute Bräunung

11. Typ: Albinismus-Genotyp Klassifizierung (nach Lorenz, 1997)
    – OA: okulärer Albinismus; – OCA: okulocutaner Albinismus (mit Untertypen); – ?: genetischer Befund nicht vorhanden

4.2.2 Verhaltensdaten

Anhand der Daten in Abschnitt 4.2.1.2 und 4.2.1.3 wurde bei allen Albinismuspatienten eine Sehnervenfehlkreuzung mit einer daraus resultierenden variablen abnormalen Reizrepräsentation im Areal V1 der rechten Hemisphäre nachgewiesen. In diesem Zusammenhang stellt sich die Frage, ob die visuomotorische Aufgabe mit der abnormalen Repräsentation des rechten visuellen Halbfeldes gelöst werden konnte. Die Verhaltensdaten der 14 Albinismuspatienten demonstrierten, dass der Mittelwert ±SEM der richtigen Antworten, die Trefferquote, unabhängig von der Versuchsbedingung bei 96%±1,1 lag und somit den der Normalprobanden aus Abschnitt 3.2.1 (95%±1,1) etwas übertraf. Der statistische Vergleich der vier Versuchsbedingungen in einer einfaktoriellen ANOVA für Messwiederholungen ergab keinen signifikanten Unterschied zwischen den Trefferquoten der vier Bedingungen ($p=0,058$). Damit hingen die Trefferquoten, wie bei den Normalprobanden aus Abschnitt 3.2.1, nicht von der jeweiligen Versuchsbedingung ab. Trotzdem schienen die Verhaltensdaten der 14 Albinismuspatienten bei der linken gegenüber der rechten Halbfeldreizung erhöht zu sein (98%±0,6 und 94%±2,0; siehe Trefferquoten der 14 Albinismuspatienten in Abb. 31). In einem direkten statistischen Vergleich der gemittelten Trefferquote der jeweiligen Halbfeldreizung [gemittelte Trefferquoten der Versuchsbedingungen 1 und 3 (linker Halbfeldreiz) und der Versuchsbedingungen 2 und 4 (rechter Halbfeldreiz)] zwischen der Wahrnehmungsleistung der Albinismuspatienten und der der Normalprobanden aus Abschnitt 3.2.1, wurden jedoch keine signifikanten Unterschiede deutlich [Ergebnisse der zweifaktoriellen ANOVA für Messwiederholungen mit den Faktoren *Versuchsgruppe* (Albinismuspatienten & Normalprobanden) und *visuelles Halbfeld* (links & rechts): $p=0,752$, $p=0,075$, Interaktion der Faktoren: $p=0,083$].

Aufgrund der Tatsache, dass sich die Albinismuspatienten in dem Ausmaß der Sehnervenfehlkreuzung deutlich unterschieden (siehe I_L-Werte in Tabelle 5), interessierten insbesondere die Trefferquoten der Patienten, die eine große Sehnervenfehlkreuzung und eine daraus resultierende große abnormale Repräsentation im visuellen Kortex aufwiesen (Albinismus$_G$). Ein Vergleich der Leistung der 14 Albinismuspatienten mit der der Patienten aufgetrennt nach kleiner und großer Sehnervenfehlkreuzung zeigte, dass bei allen drei Gruppen die Trefferquote unabhängig von der Versuchsbedingung jeweils 90% überschritt (siehe Abb. 31). In dem Zusammenhang der aufgetrennten Patientendaten stellte sich die Frage, ob sich vor allem die Trefferquoten der Albinismuspatienten mit einer starken Sehnervenfehlkreuzung von den Referenzdaten unterschieden. Für die Beantwortung der Frage wurden die Verhaltensdaten der Normalprobanden aus Abschnitt 3.2.1 mit denen der Albinismus-

II Experimenteller Teil

patienten mit einer großen sowie denen mit einer kleinen Sehnervenfehlkreuzung verglichen. Dafür wurde eine zweifaktorielle ANOVA für Messwiederholungen mit den Faktoren *Versuchsgruppe* (Normalprobanden, Albinismus$_G$ Patienten & Albinismus$_K$ Patienten) und *Versuchsbedingungen* (alle vier Versuchsbedingung, definiert im Methodenteil, siehe Tabelle 1 und Abb. 10) berechnet. Das Ergebnis verdeutlicht, dass weder zwischen den Gruppen noch zwischen den vier Versuchsbedingungen bei der Durchführung der visuomotorischen Aufgabe signifikante Unterschiede auftraten (jeweils p=0,928, p=0,051, Interaktion der Faktoren: p=0,370). Diese Daten bestätigen, dass die visuomotorische Aufgabe von den Albinismuspatienten, trotz der abnormalen Repräsentation bei rechter Halbfeldreizung, mit der gleichen Genauigkeit wie bei den Normalprobanden ausgeführt wurde. Selbstverständlich können aus diesen Daten jedoch keine Rückschlüsse darüber gewonnen werden, ob eventuelle Leistungsunterschiede in Schwellennähe bestanden.

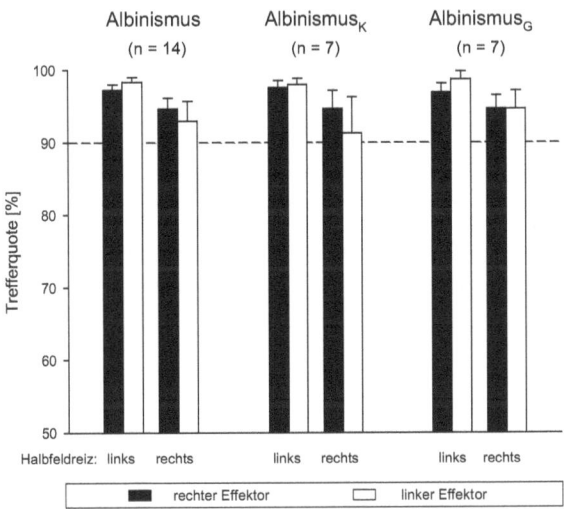

Abb. 31: Verhaltensdaten der Albinismuspatienten mit einer großen (Albinismus$_G$) und der mit einer kleinen (Albinismus$_K$) Sehnervenfehlkreuzung im Vergleich zu der Trefferquote der gesamten Albinismusgruppe: Trefferquote (Mittelwert [%] ±SEM) bei Durchführung der vier Versuchsbedingungen der visuomotorischen Aufgabe. Bei der Gegenüberstellung mit den Daten der Normalprobanden aus Abschnitt 3.2.1 wurden keine signifikanten Unterschiede, weder zwischen den Gruppen, noch zwischen den Versuchsbedingungen ermittelt.

4.2.3 Kortikale Lateralisierungsmuster bei visueller Reizung

Die ermittelte kortikale Antwort auf die visuelle Reizung wird zunächst in einer Übersicht (Abschnitt 4.2.3.1) und anschließend in einer Detailanalyse dargestellt (Abschnitt 4.2.3.2).

4.2.3.1 Übersicht der visuell-induzierten Aktivität

Die kortikale Aktivität der Gruppenanalyse der 14 Albinismuspatienten während der visuellen Reizphase ist in Abbildung 32 A dargestellt. Der Gesamteffekt der jeweiligen effects of interest der 14 Albinismuspatienten wurde voxelweise mit one-sample t-tests errechnet. Dabei wurden die Versuchsbedingungen 1 und 3, Reizung im linken Halbfeld, sowie die Versuchsbedingungen 2 und 4, Reizung im rechten Halbfeld, zusammengefasst. In Abbildung 32 wurden die ermittelten t-Werte, die eine Schwelle von $p \leq 0,001$ überschritten, auf Ansichten des Standardgehirns von posterior projiziert. In der visuellen Reizphase wurden ausgedehnte Bereiche des okzipito-parieto-frontalen Kortex ermittelt. Bei der Reizung des linken Halbfeldes ähnelt die kortikale Aktivität der Albinismuspatienten der der Normalprobanden aus Abschnitt 3.2.1, welche das gleiche Paradigma durchführten (vergleiche mit Abb. 24). Es bestand wie bei den Normalprobanden ringsum den Sulcus calcarinus eine unilaterale Aktivität kontralateral zum visuellen Reiz, während weitere okzipitale und parietale Regionen bilateral aktiviert wurden. Auffällig abweichend von den Referenzdaten zeigten sich die Lateralisierungsmuster der rechten Halbfeldreizung. Hier bestand eine bilaterale Aktivität in und um den Sulcus calcarinus und zwar eine normal lateralisierte Aktivität in der linken (blauer Pfeil in Abb. 32 A) und eine abnormale Aktivität in der rechten Hemisphäre (roter Pfeil in Abb. 32 A). Dieses Aktivitätsmuster unterstrich, dass bei Albinismus ein zusätzlicher Eingang zu den frühen visuellen Arealen bestand. Dieser ging von der temporalen Netzhaut des kontralateralen Auges aus und resultierte in einer abnormalen Repräsentation des ipsilateralen visuellen Halbfeldes.

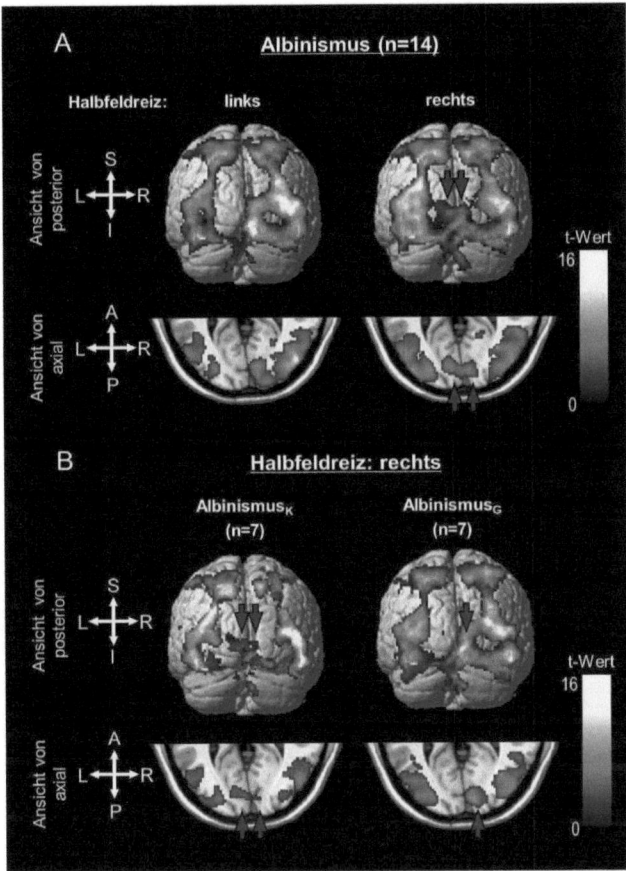

Abb. 32: Gruppenstatistik der Albinismuspatienten während der visuellen Reizphase bei Reizung des linken Auges [zusammengefasste Antworten der Versuchsbedingungen 1 und 3 (linke Halbfeldreizung) und der Versuchsbedingungen 2 und 4 (rechte Halbfeldreizung); one-sample t-tests]. In der Ansicht von posterior des Gehirns werden extensive Antworten im okzipito-parietalen Netzwerk dargestellt. Zusätzlich sind die Lateralisierungsmuster von V1 in axial ausgerichteten Schnittbildern abgebildet (MNI-Koordinaten: z=4). A: Gruppenstatistik der Albinismuspatienten (n=14, maximaler t-Wert=16). Die linke Halbfeldreizung verdeutlichte unilaterale Antworten in V1 der rechten Hemisphäre. Im Gegensatz dazu zeigte die temporale Netzhautreizung normale und abnormale Antworten im linken und rechten V1. B: Nachweis der I_L basierten Einteilung der Albinismusgruppe bei rechter Halbfeldreizung (jeweils n=7, Albinismus$_K$ maximaler t-Wert=10, Albinismus$_G$ maximaler t-Wert=15). Die Albinismuspatienten mit negativen I_L-Werten zeigten ein geringes und die mit positiven I_L-Werten ein starkes Ausmaß der Sehnervenfehlkreuzung an. Blauer Pfeil=normale kortikale Antworten, roter Pfeil=abnormale kortikale Antworten, L=linke Hemisphäre, R=rechte Hemisphäre, S=superior, I=inferior, A=anterior, P=posterior; das Signifikanz-Niveau der Gruppenanalysen wurde auf p≤0,001 unkorrigiert für multiples Testen festgelegt mit einem Cluster von ≥0 Voxeln. Abbildung modifiziert nach Wolynski et al., (im Druck).

Das Ausmaß der albinotischen Sehnervenfehlkreuzung ist variabel und wurde für jeden einzelnen Albinismuspatienten mit dem Lateralisierungsindex I_L bestimmt (siehe Abschnitt 3.3.2.8). Es resultierten zwei Gruppen, Albinismus$_G$ mit $I_L \geq 0$ und Albinismus$_K$ mit $I_L \leq 0$. Die ermittelten positiven und negativen I_L-Werte (siehe Tabelle 5) stehen für ein starkes beziehungsweise ein geringes Ausmaß der Sehnervenfehlkreuzung. In Abbildung 32 B sind Aktivierungswerte der nach dem I_L eingeteilten beiden Gruppen bei rechter Halbfeldreizung dargestellt. Hier wurden die ermittelten t-Werte, die eine Schwelle von $p \leq 0{,}001$ überschritten, auf Ansichten des Standardgehirns von posterior sowie in axial ausgerichteten Schnittbildern projiziert. Die Ergebnisse belegten, dass die Trennung der Albinismusgruppe aufgrund der V1-Aktivität mit dem I_L möglich ist. Die Albinismuspatienten, bei denen negative I_L-Werte ermittelt wurden (siehe Tabelle 5), hatten eine überwiegend normale V1-Repräsentation in der linken Hemisphäre (siehe Abb. 32 B, blauer Pfeil bei Albinismus$_K$) und eine im Vergleich schwächer ausgeprägte abnormale V1-Repräsentation in der rechten Hemisphäre (siehe Abb. 32 B, roter Pfeil bei Albinismus$_K$). Im Gegensatz dazu zeigten die Daten der Albinismuskohorte mit einem positiven I_L-Wert (siehe Tabelle 5) eine ausgeprägte abnormale V1-Repräsentation der rechten Hemisphäre an (siehe Abb. 32 B, roter Pfeil bei Albinismus$_G$). Da der I_L von der Lateralisierung in V1 abhängt, ist dieses Resultat lediglich der Beleg, dass die Gruppeneinteilung funktioniert. Diese Lateralisierung bildet die Grundlage für weiterführende Analysen in anderen kortikalen Bereichen.

4.2.3.2 Abnormale Repräsentation in höheren Verarbeitungsstufen des visuellen Systems

Im Folgenden sind die Resultate verschiedener Auswertungen zur Beurteilung der abnormalen Repräsentation in höheren Verarbeitungsstufen des visuellen Systems aufgeführt. Dabei wurden die BOLD-Antworten der ROIs V1, MT, IPSt und IPSa auf ihre Lateralisierung zum visuellen Halbfeld gezielt untersucht. Aufgeführt sind die Ergebnisse eines robusten Vergleichs der kortikalen Lateralisierungen zum Halbfeld zwischen den 14 Albinismuspatienten und den 14 Normalprobanden aus Abschnitt 3.2.1. Ebenfalls sind die Daten einer explorativen Analyse aufgeführt, bei der Daten beider Albinismusgruppen (definiert nach dem I_L, siehe Abschnitt 3.3.2.8) im Detail betrachtet wurden. Des Weiteren sind kortikale Antworten dargestellt, deren Lateralisierungen vom Ausmaß der Sehnervenfehlkreuzung abhängen, unter der Berücksichtigung von okulären Defiziten wie reduzierter Sehschärfe und Nystagmus. Im Folgenden werden diese Ergebnisse beschrieben.

II Experimenteller Teil

Die Repräsentationen des visuellen Halbfeldes der rechten Hemisphäre aller 14 Albinismuspatienten wurden in einer Detailanalyse quantitativ ausgewertet und mit Daten von Normalprobanden (Normalprobanden aus Abschnitt 3.2.1) verglichen. Dabei lag der Schwerpunkt auf der rechten Hemisphäre, da diese einen abnormalen Eingang des kontralateralen Auges erhält. Es wurde in den ROIs V1, MT, IPSt und IPSa der rechten Hemisphäre die Antwortlateralisierung bezüglich des gereizten Halbfeldes überprüft. Ziel war dabei die Bestimmung der Auswirkungen der Sehnervenfehlkreuzung in niedrigen und in höheren Verarbeitungsstufen des visuellen Systems. In einer jeweils für die vier ROIs durchgeführten zweifaktoriellen ANOVA für Messwiederholungen mit den Faktoren *Versuchsgruppe* (Normalprobanden & Albinismuspatienten) und *visuelles Halbfeld* (links & rechts) wurden die BOLD-Antworten miteinander verglichen. Die Ergebnisse zeigten bei allen

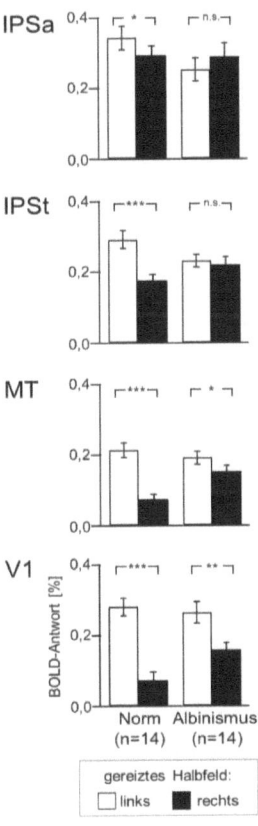

Abb. 33: BOLD-Antworten der in Tabelle 2 und 3 aufgeführten ROIs der rechten Hemisphäre der Normalprobanden und der Albinismuspatienten (jeweils Mittelwert ±SEM) während der visuellen Reizphase [zusammengefasste Antworten der Versuchsbedingungen 1 und 3 (linker Halbfeldreiz) und der Versuchsbedingungen 2 und 4 (rechter Halbfeldreiz)]. Alle Ergebnisse des statistischen Vergleichs sind in Tabelle 6 aufgeführt und die Effektgrößen der Halbfeldlateralisierungen über den jeweiligen Balken angegeben. Dabei sind die Signifikanz-Niveaus wie folgt definiert: ***: $p \leq 0{,}001$, **: $p \leq 0{,}01$, *: $p \leq 0{,}05$, n.s.: nicht signifikant. Abbildung modifiziert nach Wolynski et al., (im Druck).

II Experimenteller Teil

vier untersuchten ROIs V1, MT, IPSt und IPSa eine signifikante Interaktion der Faktoren *Versuchsgruppe x visuelles Halbfeld* an. Dies deutete auf einen Gruppenunterschied zwischen den Normalprobanden und den Albinismuspatienten in Abhängigkeit von dem gereizten Halbfeld (siehe Tabelle 6). Bei den Normalprobanden aktivierte in jedem der vier ROIs der kontralaterale Halbfeldreiz die rechte Hemisphäre stärker als der ipsilaterale. Zusätzlich zeigen die Daten der Normalprobanden eine schwächere Lateralisierung der Antworten für die ROIs höherer visueller Areale (siehe in Abb. 33; BOLD-Antworten der ipsilateralen relativ zur kontralateralen Reizung*100% für V1: 26%, MT: 35%, IPSt: 60% und IPSa: 85%).

Bei Albinismus wird aufgrund der Sehnervenfehlkreuzung eine Verringerung der Antwortunterschiede zwischen den jeweils gereizten Halbfeldern erwartet. Tatsächlich lagen, trotz ausgeprägter BOLD-Antworten, in den ROIs IPSt und IPSa keine signifikanten Unterschiede zwischen den Antworten der kontralateralen und der ipsilateralen Halbfeldreizung vor (relative ipsilaterale Antworten von IPSt: 95% und IPSa: 114%). Demnach zeigten diese ROIs keine Lateralisierung zum kontralateralen Halbfeldreiz auf. Im Gegensatz dazu wurden in den ROIs V1 und MT signifikante Lateralisierungen zum Halbfeld nachgewiesen. Diese fielen jedoch im Vergleich zu denen der Normalprobanden signifikant kleiner aus (relative ipsilaterale Antworten von V1: 59% und MT: 79%; siehe Abb. 33 und Tabelle 6 unter dem post-hoc Vergleich „gereiztes Halbfeld bei Albinismuspatienten"). Der jeweilige Vergleich der BOLD-Antworten bei rechter Halbfeldreizung zwischen den Gruppen bestätigte, dass bei Albinismus in den ROIs V1 und MT signifikant größere BOLD-Antworten dominierten (siehe in Tabelle 6 unter dem post-hoc Vergleich „Gruppen bei rechter Halbfeldreizung"). Im Gegensatz dazu unterschieden sich die BOLD-Antworten der Gruppen bei der linken Halbfeldreizung nicht voneinander (siehe in Tabelle 6 unter dem post-hoc Vergleich „Gruppen bei linker Halbfeldreizung").

Tabelle 6: Effekte des gereizten Halbfeldes während der visuellen Reizphase der rechten Hemisphäre bei Normalprobanden und Albinismuspatienten (jeweils n=14)

ROI	Faktoren		Interaktion	post-hoc Vergleiche (sequentielle Bonferroni Korrektur nach Holm)			
	Gruppe	HFR	GruppexHFR	HFR bei Normal-probanden	HFR bei Albinismus-patienten	Gruppen bei rechter HFR	Gruppen bei linker HFR
V1	n.s.	$p<0,001(l>r)$	$p=0,006$	$p<0,001(l>r)$	$p=0,004(l>r)$	$p=0,025(A>N)$	n.s.
MT	n.s.	$p<0,001(l>r)$	$p<0,001$	$p<0,001(l>r)$	$p=0,039(l>r)$	$p=0,005(A>N)$	n.s.
IPSt	n.s.	$p=0,001(l>r)$	$p=0,006$	$p<0,001(l>r)$	n.s.	n.s.	n.s.
IPSa	n.s.	n.s.	$p=0,001$	$p=0,039(l>r)$	n.s.	n.s.	n.s.

(HFR= Halbfeldreizung; l=linkes Halbfeld; r=rechtes Halbfeld; A=Albinismuspatienten; N=Normalprobanden; n.s.=nicht signifikant)

II Experimenteller Teil

Die vorangegangene detaillierte Gruppenanalyse der BOLD-Antworten der 14 Albinismuspatienten deutete in der rechten Hemisphäre auf Lateralisierungsabnormalitäten in V1 sowie in MT und im intraparietalen Sulcus hin. Falls die Lateralisierungsabnormalitäten in den höheren visuellen Arealen aus der Abnormalität in V1 resultieren, wäre zu erwarten, dass diese bei Albinismuspatienten mit großer Sehnervenfehlkreuzung stark ausgeprägt sind. Durch die Einteilung der Patientenkohorte in zwei Gruppen, basierend auf dem variablen Ausmaß der Sehnervenfehlkreuzung (definiert nach dem I_L, siehe Abschnitt 3.3.2.8), ist die Untersuchung der Halbfeldlateralisierungen höherer Verarbeitungsstufen bei starkem und schwachem abnormalen visuellen Eingang möglich. Dafür wurden die obigen Daten zusätzlich in einer explorativen Datenanalyse getrennt für beide Albinismusgruppen untersucht. Als Referenz dienten die BOLD-Antworten analoger ROIs der Normalprobanden aus Abschnitt 3.2.1. Die Berechnungen basierten auf zweifaktoriellen ANOVAs für Messwiederholungen mit den Faktoren *Versuchsgruppe* (Normalprobanden, Albinismus$_G$-Patienten & Albinismus$_K$-Patienten) und *visuelles Halbfeld* (links & rechts) separat für die ROIs V1, MT, IPSt und IPSa der rechten Hemisphäre. Die Ergebnisse der explorativen Datenanalyse zeigten Übereinstimmungen zur obigen robusten Analyse. Denn der Faktor *visuelles Halbfeld* war für alle ROIs signifikant, außer für IPSa (p<0,001). Auch die Interaktion der Faktoren *Versuchsgruppe x visuelles Halbfeld* war für alle ROIs signifikant (p<0,005; siehe Tabelle 7). Die berechneten post-hoc Tests unterstrichen die Abnahme der Antwortlateralisierung in den höher gelegenen visuellen Kortizes – bei gleichzeitig ansteigender Stärke der V1-Abomalität (Abbildung 34).

Tabelle 7: Effekte des gereizten Halbfeldes während der visuellen Reizphase der rechten Hemisphäre bei Normalprobanden (n=14), Albinismus$_K$ (n=7) und Albinismus$_G$ (n=7)

ROI	Faktoren		Interaktion	post-hoc Vergleiche (sequentielle Bonferroni Korrektur nach Holm)		
	Gruppe	HRF	GruppexHRF	HRF bei Normalprobanden	HRF bei Albinismus$_K$	HRF bei Albinismus$_G$
V1	n.s.	p<0,001(l>r)	p=0,005	p<0,001(l>r)	p=0,008(l>r)	n.s.
MT	n.s.	p<0,001(l>r)	p<0,001	p<0,001(l>r)	p=0,010(l>r)	n.s.
IPSt	n.s.	p<0,001(l>r)	p<0,001	p<0,001(l>r)	n.s.	n.s.
IPSa	n.s.	n.s.	p=0,004	p=0,029(l>r)	n.s.	n.s.

(HFR= Halbfeldreizung; l=linkes Halbfeld; r=rechtes Halbfeld; n.s.=nicht signifikant)

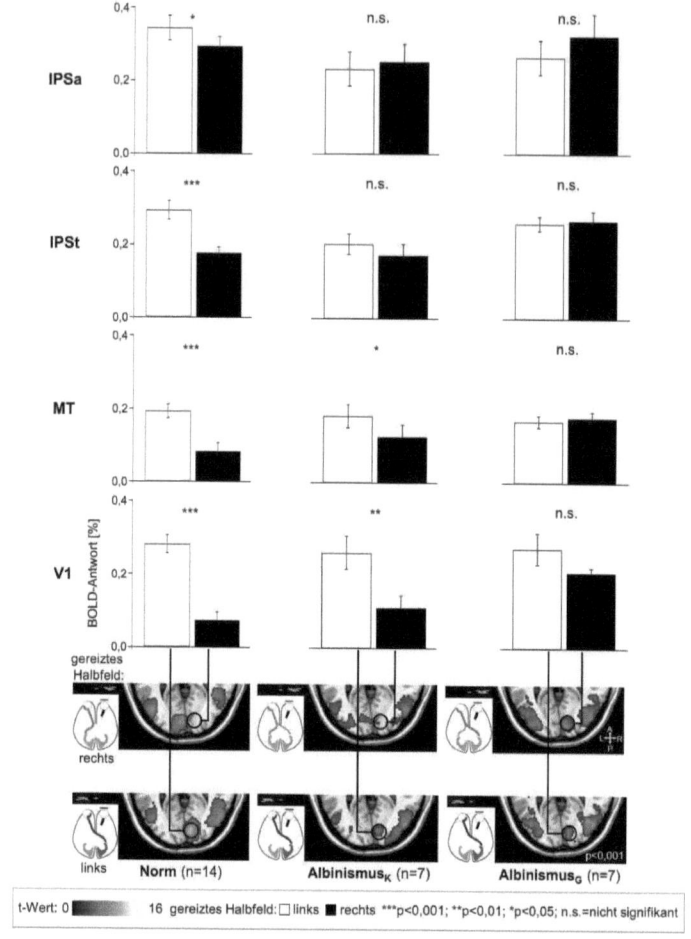

Abb. 34: Vergleich der BOLD-Antworten der in Tabelle 2 und 3 aufgeführten ROIs der rechten Hemisphäre von Normalprobanden (n=14) und Albinismuspatienten mit kleiner (Albinismus$_K$, n=7) sowie mit großer Sehnervenfehlkreuzung (Albinismus$_G$, n=7, jeweils Mittelwert ±SEM) während der visuellen Reizphase [zusammengefasste Antworten der Versuchsbedingungen 1 und 3 (linke Halbfeldreizung) und der Versuchsbedingungen 2 und 4 (rechte Halbfeldreizung)]. L=linke Hemisphäre, R=rechte Hemisphäre; das Signifikanz-Niveau der Schnittbilder (V1-MNI-Koordinaten aus Tabelle 2 und 3) wurde auf p≤0,001 unkorrigiert für multiples Testen festgelegt, mit einem Cluster von ≥0 Voxeln (maximaler t-Wert für die linke und rechte Halbfeldreizung: Normalprobanden=16 und 15, Albinismus$_K$=10 und 10, Albinismus$_G$=11 und 16). Die lokalen Maxima in V1 befanden sich stets anterior und medial zum okzipitalen Pol. Aufgrund der größeren Gruppe der Normalprobanden (n=14) bestand dort im Vergleich eine signifikantere und ausgedehntere V1-Aktivität. Die Ergebnisse des statistischen Vergleichs sind in Tabelle 7 sowie über den jeweiligen Balken aufgeführt. Abbildung modifiziert nach Wolynski et al., (im Druck).

II Experimenteller Teil

In der vorhergehenden Analyse wurden Antwortlateralisierungen gezielt in höheren visuellen Verarbeitungsstufen, in den ROIs MT, IPSt und IPSa, untersucht. Alternativ kann geprüft werden, in welchen Regionen die Antwortlateralisierungen von dem Ausmaß der Sehnervenfehlkreuzung abhängen. Dazu wurden die kortikalen Antworten der 14 Albinismuspatienten bei rechter visueller Halbfeldreizung mit dem Ausmaß der abnormalen Repräsentation in V1, also dem I_L, korreliert. In dieser Analyse wurde ferner die logarithmierte Sehschärfe und die horizontale Nystagmusamplitude als Kovarianten (effects of no interest) in der Regressionsanalyse berücksichtigt, um eventuelle Störeffekte dieser funktionellen Defizite zu reduzieren. Die Berücksichtigung der okulären Symptome, wie beispielsweise der horizontale Nystagmus, bei der Regressionsanalyse ist besonders relevant, da die untersuchte mittlere prozentuale zentrale Fixation (siehe Abschnitt 3.3.2.3.1) bei den Normalprobanden (n=4) besser ausfällt als bei den hierauf untersuchten Albinismuspatienten (n=6) [Mittelwert±SEM: 99,5% ± 0,1% vs 89,0% ± 4,5%; p<0,04 (Mann-Whitney rank sum test)]. Aufgrund der signifikanten inversen Korrelation (p<0,01) der horizontalen Nystagmusamplitude mit der prozentualen zentralen Fixation, wird diese in der hier durchgeführten Regressionsanalyse einbezogen.

Die Ergebnisse der Regressionsanalyse wiesen im okzipito-parietalen Kortex der rechten Hemisphäre Cluster auf, die mit der abnormalen Repräsentation im rechten V1 korrelierten (siehe Abb. 35). Bemerkenswerterweise befanden sich die MNI-Koordinaten der identifizierten Cluster-Antworten in der Nähe der ROI-Regionen (siehe Tabelle 3), für die schon in der oben aufgeführten quantitativen Detailanalyse Lateralisierungsabnormalitäten berichtet wurden (siehe Abb. 33 und 34). Dabei handelte es sich um Areal MT sowie um den terminalen und anterioren IPS [jeweilige MNI-Koordinaten (x,y,z): 36, -72, 6; 30, -78, 16; 38, -50, 50]. Im okzipito-parietalen Kortex der linken Hemisphäre traten mit dem I_L keine korrelierenden Cluster auf. Auch für die Korrelation der Aktivitäten nach Reizung des linken Halbfeldes mit dem I_L wurden im okzipito-parietalen Kortex keine signifikanten Cluster gefunden (Abbildung nicht aufgeführt). Dieses hochspezifische Ergebnis lag folglich nahe, dass eine abnormale Repräsentation des Halbfeldes von V1 auch in höheren visuellen Arealen existiert. Demnach werden obige Ergebnisse der ROI-Analyse durch die in dieser Regressionsanalyse ermittelten Daten erhärtet.

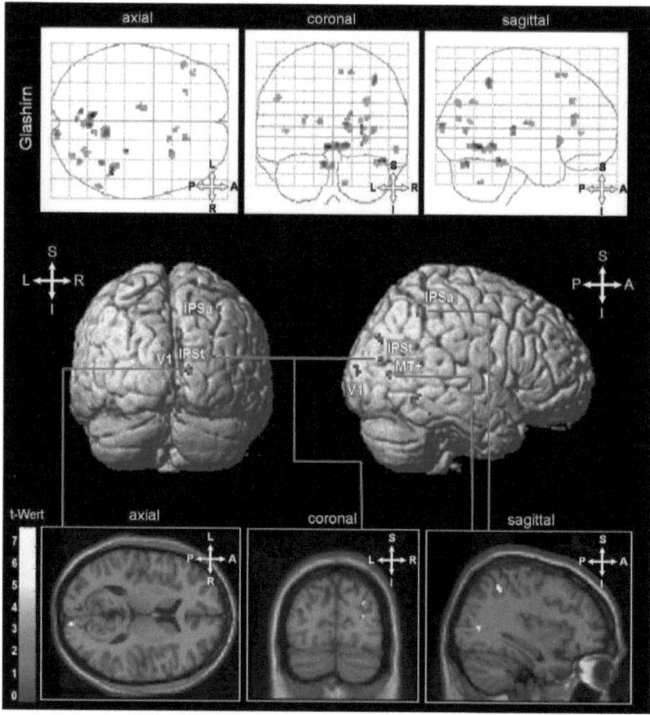

Abb. 35: Korrelation der rechten Halbfeldrepräsentation mit der Stärke der abnormalen V1-Repräsentation (I_L), dargestellt im Glashirn, in der gerenderten Hirnansicht und in Schnittbildern. Die logarithmierte Sehschärfe und die horizontale Nystagmusamplitude wurden als effects of no interest berücksichtigt. Mit I_L korrelierte Cluster wurden vor allem im rechten okzipito-parietalen Kortex nachgewiesen. L=linke Hemisphäre, R=rechte Hemisphäre, S=superior, I=inferior, A=anterior, P=posterior; das Signifikanz-Niveau der Gruppenanalyse wurde auf p≤0,001 unkorrigiert für multiples Testen festgelegt mit einem Cluster von ≥5 Voxeln. Abbildung modifiziert nach Wolynski et al., (im Druck).

4.2.4 Kortikale Lateralisierungsmuster bei motorischer Handlung

Die ermittelte kortikale Antwort während der motorischen Ausführung wird zunächst in einer Übersicht, im Abschnitt 4.2.4.1, und anschließend in einer detaillierten Betrachtung, im Abschnitt 4.2.4.2, dargestellt.

4.2.4.1 Übersicht der effektor-induzierten Aktivität

Die im Abschnitt 4.2.2 aufgeführten hohen Trefferquoten belegten eine robuste visuomotorische Leistung der Albinismuspatienten. Sogar die Albinismus$_G$-Patienten, die eine

II Experimenteller Teil

extensive abnormale visuelle Halbfeldrepräsentation aufwiesen, führten die visuomotorische Aufgabe mit hoher Trefferquote aus. Konsequenterweise ist es von großem Interesse zu verstehen, wie die abnormale visuelle Repräsentation mit dem somatosensorischen und motorischen System interagiert. Dabei ist die Schlüsselfrage, ob die Effektorlateralisierungen im somatosensorischen und motorischen Kortex trotz der albinotischen abnormalen Lateralisierung im visuellen System normal verteilt sind. Dieser Frage wurde mit einer Analyse der albinotischen kortikalen Aktivitätsmuster während der motorischen Antwortphase nachgegangen (siehe Abbildung 36). Der Gesamteffekt der jeweiligen effects of interest der 14 Albinismuspatienten wurde voxelweise mit one-sample t-tests errechnet. Dabei wurden die Versuchsbedingungen 1 und 4, Antwort des linken Effektors, sowie die Versuchsbedingungen 2 und 3, Antwort des rechten Effektors, zusammengefasst. Hier wurden die ermittelten t-Werte, die eine Schwelle von $p \leq 0,001$ überschritten, auf Ansichten des Standardgehirns von superior und auf eine coronale Schnittansicht projiziert. Gemäß den Ergebnissen der Normalprobanden aus Abschnitt 3.2.1 (siehe Abb. 26) deckten die Aktivitätsmuster ein extensives Netzwerk ab. Dabei wurden Bereiche vom okzipito-parietalen, vom somatosensorischen und motorischen Kortex erfasst. Die Lateralisierungen zum Effektor wurden in einem Vergleich der Aktivitätsmuster der beiden Effektoren ermittelt (rechter versus linker Effektor und vice versa). Die Ergebnisse der gesamten Kohorte der Albinismuspatienten, sowie diese getrennt für beide Albinismusgruppen (Albinismus$_K$ und Albinismus$_G$), zeigten durchweg im somatosensorischen und motorischen Kortex eine kontralateral zu dem verwendeten Effektor gelegene kortikale Aktivität mit einer ipsilateralen Kleinhirnaktivität an (siehe Abb. 36).

Ferner wurde die Ähnlichkeit der Aktivitätsmuster der Albinismuspatienten mit den Normalprobanden während der motorischen Antwortphase in einzelnen Gruppenvergleichen in SPM5 weiter analysiert. Dabei wurden die funktionellen Daten der Albinismuspatienten und die der Normalprobanden für jede der vier experimentellen Versuchsbedingungen miteinander verglichen. Alle diese Vergleiche ergeben keine Unterschiede zwischen den beiden Versuchsgruppen im motorischen, somatosensorischen und parietalen Kortex (ermittelt bei dem Signifikanz-Niveau von $p < 0,001$, nicht für multiples Testen korrigiert, keine Datendarstellung).

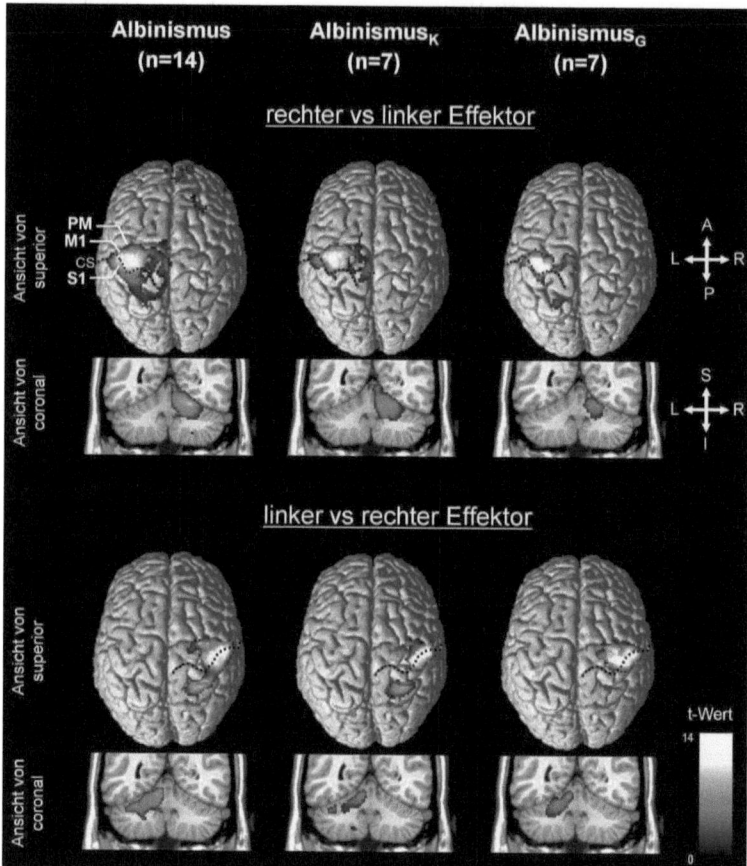

Abb. 36 Gruppenanalysen der Albinismuspatienten [einerseits gesamte Patientengruppe (n=14) und andererseits aufgeteilt nach der Größe der Sehnervenfehlkreuzung Albinismus$_K$ (n=7) und Albinismus$_G$ (n=7)] während der motorischen Antwortphase [zusammengefasste Antworten der Versuchsbedingungen 1 und 4 (linker Effektor) und der Versuchsbedingungen 2 und 3 (rechter Effektor); one-sample t-tests]. In der Ansicht des Gehirns von superior zeigten bei allen drei Gruppen die Kontraste rechter versus linker Effektor und vice versa stärkere kontralaterale als ipsilaterale Antworten zu dem verwendeten Effektor an. Zusätzlich wurde bei allen drei Gruppen in der ipsilateralen Hemisphäre zu dem benutzten Effektor Aktivität in der Kleinhirnrinde ermittelt, dargestellt in coronal ausgerichteten Schnittbildern (MNI-Koordinaten: y=-55). L=linke Hemisphäre, R=rechte Hemisphäre, S=superior, I=inferior, A=anterior, P=posterior, CS=zentraler Sulcus, PM=prämotorisches Areal, M1=primärer motorischer Kortex, S1=primärer somatosensorischer Kortex; die Signifikanz-Niveaus der Gruppenanalysen wurden auf p≤0,001 unkorrigiert für multiples Testen festgelegt mit einem Cluster von ≥30 Voxeln (maximaler t-Wert für die Kontraste rechter versus linker Effektor und vice versa: gesamte Albinismuspatientengruppe=11 und 13, Albinismus$_K$=8 und 10, Albinismus$_G$=7 und 7). Abbildung modifiziert nach Wolynski et al., (im Druck).

4.2.4.2 Detailbetrachtung der effektor-induzierten Aktivität

Im Folgenden sind die Resultate verschiedener Auswertungen aufgeführt, um zu klären, ob die abnormale Repräsentation im visuellen Kortex das somatosensorische und motorische System beeinflusst. Dabei wurden die BOLD-Antworten der ROIs PM, M1 und S1 auf ihre Lateralisierung zum verwendeten Effektor gezielt untersucht. Aufgeführt sind die Ergebnisse eines robusten Vergleichs der kortikalen Lateralisierungen zum Effektor zwischen den 14 Albinismuspatienten und den 14 Normalprobanden aus Abschnitt 3.2.1. Ebenfalls sind die Daten explorativer Analysen aufgeführt, einer Detailanalyse der Effektorlateralisierungen bei beiden Albinismusgruppen (definiert nach dem I_L, siehe Abschnitt 3.3.2.8) und einer Detailanalyse zur Ermittlung von Lateralisierungs-Abhängigkeiten der motorischen Antwortphase vom vorangegangenen visuellen Reiz. Des Weiteren wurde bei Albinismus ermittelt, ob Areal IPSa während visueller Reizung effektorlateralisiert ist. Im Folgenden werden diese Ergebnisse aufgeführt.

Die Aktivitätsmuster der Albinismuspatienten im somatosensorischen und motorischen Kortex scheinen sich laut der Übersichtsanalysen aus SPM5 nicht von denen der Normalprobanden aus Abschnitt 3.2.1 zu unterscheiden. Zur Überprüfung der Daten der Übersichtsanalysen wurde die Effektorlateralisierung der motorischen Antwortphase in einer Detailanalyse quantitativ untersucht und auf mögliche Auswirkung der Sehnervenfehlkreuzung überprüft (siehe Abb. 37). Der Schwerpunkt lag, wie schon im Abschnitt 4.2.3.2, weiterhin auf der rechten Hemisphäre, da diese einen abnormalen Eingang des kontralateralen Auges erhält. Es wurden die Lateralisierungen zum Effektor in den ROIs S1, M1 und PM der rechten Hemisphäre untersucht mit einer pro ROI durchgeführten zweifaktoriellen ANOVA für Messwiederholungen mit den Faktoren *Versuchsgruppe* (Normalprobanden & Albinismuspatienten) und *verwendeter Effektor* (kontra- & ipsilateral).

Abb. 37: BOLD-Antworten der in Tabelle 2 und 3 aufgeführten ROIs der rechten Hemisphäre der Normalprobanden und der Albinismuspatienten (jeweils Mittelwert ±SEM) während der motorischen Antwortphase [zusammengefasste Antworten der Versuchsbedingungen 1 und 4 (linker Effektor) und der Versuchsbedingungen 2 und 3 (rechter Effektor) unabhängig von der Halbfeldreizung während der visuellen Reizphase]. Die Antworten waren kontralateral zu dem benutzten Effektor stets stärker. Alle Ergebnisse des statistischen Vergleiches sind in Tabelle 8 aufgeführt, und die Effektgrößen der Effektorlateralisierungen über den individuellen Balken angegeben. Dabei sind die Signifikanz-Niveaus wie folgt definiert: ***: p≤0,001, **: p≤0,01. Abbildung modifiziert nach Wolynski et al., (im Druck).

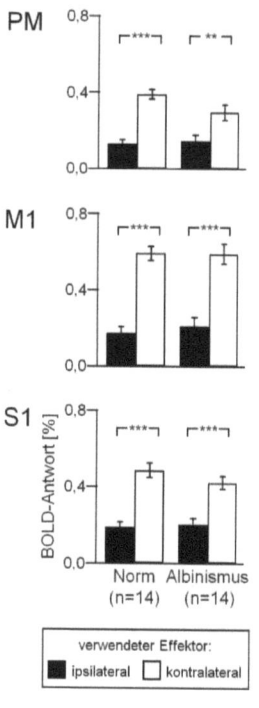

Die ANOVAs zeigten bei allen drei ROIs S1, M1 und PM einen starken Effekt bei dem Faktor *verwendeter Effektor*. Dabei war die BOLD-Antwort bei der Verwendung des sich zu der rechten Hemisphäre kontralateral befindenden Effektors, also des linken Daumens, gegenüber der BOLD-Antwort des ipsilateralen Effektors, also des rechten Daumens, signifikant erhöht (p<0,001; kontralateraler Effektor > ipsilateraler Effektor; siehe Tabelle 8). Zusätzlich wurde bei den ROIs PM und S1 jeweils eine Signifikanz der Interaktion der Faktoren *Versuchsgruppe x verwendeter Effektor* ermittelt (S1: p=0,047 und PM: p=0,016; siehe Tabelle 8). Die daraufhin berechneten post-hoc Vergleiche zeigten im Areal S1 keine Gruppenunterschiede zwischen den Normalprobanden und den Albinismuspatienten bezüglich der Effektorlateralisierung (S1: Normalprobanden & Albinismuspatienten: p<0,001, kontralateraler Effektor > ipsilateraler Effektor; siehe Tabelle 8). Die Effektorlateralisierung in dem Areal PM war bei den Albinismuspatienten im Vergleich zu den Normalprobanden marginal schwächer ausgeprägt (PM Normalprobanden: p<0,001, PM Albinismuspatienten: p=0,002; kontralateraler Effektor > ipsilateraler Effektor; siehe Tabelle 8).

II Experimenteller Teil

Tabelle 8: Effekte der rechten Hemisphäre bei Normalprobanden und Albinismuspatienten (jeweils n=14) während ipsilateraler und kontralateraler Effektoraktivität in der motorischen Antwortphase

ROI	Faktoren		Interaktion	post-hoc Vergleiche (sequentielle Bonferroni Korrektur nach Holm)			
	Gruppe	EF	GruppexEF	EF bei Normal-probanden	EF bei Albinismus-patienten	Gruppen in Bezug auf den ipsilateral EF	Gruppen in Bezug auf den kontralateral EF
PM	n.s.	p<0,001(k>i)	p=0,016	p<0,001(k>i)	p=0,002(k>i)	n.s.	n.s.
M1	n.s.	p<0,001(k>i)	n.s.	k.A.	k.A.	k.A.	k.A.
S1	n.s.	p<0,001(k>i)	p=0,047	p<0,001(k>i)	p<0,001(k>i)	n.s.	n.s.

(EF=verwendeter Effektor; k=kontralateraler Effektor; i=ipsilateraler Effektor; n.s.=nicht signifikant; k.A.=keine Angabe)

In einer explorativen Analyse wurden obige Daten der robusten Analyse zusätzlich getrennt für beide Albinismusgruppen (definiert nach dem I_L, siehe Abschnitt 3.3.2.8) auf subtile Abnormalitäten überprüft. Für die ROIs S1, M1 und PM beider Hemisphären wurden zweifaktorielle ANOVAs für Messwiederholungen mit den Faktoren *Versuchsgruppe* (Normalprobanden, Albinismus$_G$-Patienten & Albinismus$_K$-Patienten) und *verwendeter Effektor* (ipsi- & kontralateral) berechnet. Analog zu den Ergebnissen obiger robuster Analyse wurden für beide Albinismusgruppen in den untersuchten Regionen Lateralisierungen zum Effektor ermittelt, die sich nicht von jenen der Normalprobanden unterschieden (Daten nicht gezeigt).

In einer weiteren explorativen Datenanalyse wurde untersucht, ob bei Albinismus die Lateralisierungsmuster der motorischen Antwortphase von der Halbfeldreizung der vorangegangenen visuellen Reizphase abhingen. Bei der Analyse lag der Schwerpunkt wieder auf der rechten Hemisphäre, die einen abnormalen Eingang des kontralateralen Auges erhält. Dafür wurden die BOLD-Antworten der drei ROIs PM, M1 und S1 in einer jeweiligen ANOVA für Messwiederholungen mit den Faktoren *visuelles Halbfeld* (links & rechts) und *verwendeter Effektor* (kontra- & ipsilateral) statistisch untersucht. Zur Vergleichbarkeit wurde selbige Analyse mit den Referenzdaten (Normalprobanden Abschnitt 3.2.1) durchgeführt. Die ANOVAs ergaben für beide Versuchsgruppen, dass der Faktor *verwendeter Effektor* für alle ROIs signifikant war (p<0,001; kontralateraler Effektor>ipsilateraler Effektor). In beiden Versuchsgruppen wurden keine signifikanten Interaktionen der Faktoren *visuelles Halbfeld* x *verwendeter Effektor* ermittelt. Bei dem Faktor *visuelles Halbfeld* wurde nur in der Albinismusgruppe im Areal PM ein geringer signifikanter Effekt zwischen den BOLD-Antworten der rechten gegenüber der linken Halbfeldreizung auffällig. Dieser ist ein Hinweis auf eine mögliche Halbfeldabhängigkeit (p=0,024; rechtes Halbfeld > linkes Halbfeld). Demnach deutet das Ergebnis auf Rückkopplungsmechanismen zwischen dem prämotorischen und dem visuellen Kortex hin. Die Vermutung sollte jedoch aufgrund der kleinen Effektgröße (BOLD-Antwort bei rechter Halbfeldreizung ist nur um 6,7% erhöht im

Vergleich zur linker) und des niedrigen Signifikanz-Niveaus mit Vorsicht betrachtet und in weiteren Untersuchungen untermauert werden.

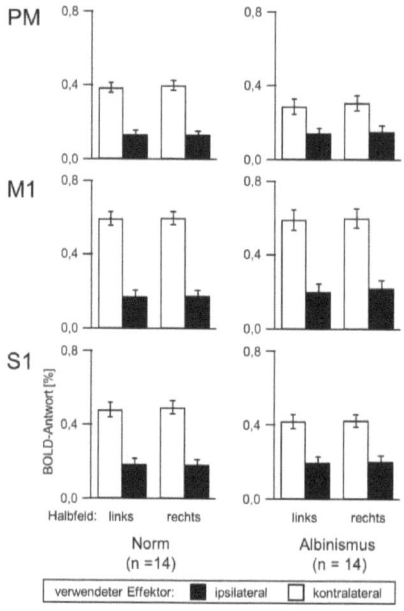

Abb. 38: Vergleich der BOLD-Antworten der in Tabelle 2 und 3 aufgeführten ROIs der rechten Hemisphäre von Normalprobanden und Albinismuspatienten während der motorischen Antwortphase bei Durchführung der vier Versuchsbedingungen der visuomotorischen Aufgabe (jeweils n=14; Mittelwert ±SEM). Der Faktor *verwendeter Effektor* war für alle ROIs signifikant (p<0,001; kontra- > ipsilateraler Effektor) Faktor *visuelles Halbfeld* war schwach für Areal PM signifikant (p=0,024; rechtes Halbfeld > linkes Halbfeld). Es gab keine signifikanten Effekte in der Interaktion beider Faktoren. PM = prämotorisches Areal, M1 = primärer motorischer Kortex, S1 = primärer somatosensorischer Kortex. Abbildung modifiziert nach Wolynski et al., (im Druck).

Zusammenfassend waren bei den Albinismuspatienten die Lateralisierungen zum Effektor in den untersuchten motorischen und somatosensorischen Regionen während der motorischen Antwortphase hauptsächlich normal. Dies wirft die Frage auf, wie die albinotische abnormale visuelle Repräsentation mit dem normal lateralisierten Motorsystem interagiert. Aus der Untersuchung zur visuomotorischen Integration bei Normalprobanden dieser Arbeit (Wolynski et al., 2009) und aus der Studie von Beurze und Kollegen (2007) geht hervor, dass das Areal IPSa als ein Bindeglied zwischen dem visuellen und dem motorischen System fungiert und an der visuell induzierten Motorplanung beteiligt ist. Dabei ist in IPSa während visueller Reizung eine Dominanz zum kontralateralen Effektor evident (Beurze et al., 2007; Wolynski et al., 2009). In dieser vorliegenden Untersuchung war bei Albinismus während visueller Reizung eine Effektorlateralisierung in IPSa angedeutet, jedoch nur für die Albinismusgruppe mit großer Sehnervenfehlkreuzung [jeweilige Werte des Vergleichs kontralateraler versus ipsilateraler Effektor der rechten Hemisphäre (Mittelwert±SEM): Albinismus$_G$: 0,32±0,05 versus 0,28±0,05 p<0,03, Albinismus$_K$: 0,24±0,05 versus 0,24±0,04, p=0,96; gepaarter t-Test korrigiert für multiples Testen].

Kapitel 5: Diskussion

Die Vorbereitung einer zielgerichteten Bewegung erfordert vom Gehirn die Integration von Informationen des ausgewählten Ziels mit Informationen über den ausgewählten Effektor. In der vorliegenden Arbeit wurde in zwei Untersuchungen am Menschen das okzipito-parietal-frontale Netzwerk, welches mit der visuomotorischen Integration befasst ist, mit einem event-related fMRT Design untersucht. Dafür wurde ein Paradigma etabliert, mit dem visuell, motorisch und visuomotorisch spezialisierte Areale identifiziert werden konnten. Das verwendete Paradigma ermöglichte die getrennte Beurteilung der Lateralisierung zum einen der visuellen und zum anderen der motorischen Antwort. In der ersten Untersuchung wurden bei Normalprobanden Areale des dorsalen Pfades der visuellen Informationsverarbeitung auf visuomotorische Schnittstellen geprüft, um neurale Korrelate der visuomotorischen Integration zu lokalisieren. Dabei stand die Identifizierung der Rolle der intraparietalen Areale in diesem Netzwerk im Mittelpunkt. In der zweiten Untersuchung wurde der Frage nachgegangen, wie sich das okzipito-parietal-frontale Netzwerk ausprägt, wenn ein abnormal lateralisierter visueller Eingang besteht, wie er bei Albinismus vorliegt.

5.1 Visuomotorische Integration bei Normalprobanden

Mit einem kombinierten Ansatz wurde das Netzwerk untersucht, welches in die visuomotorische Integration involviert ist. Dabei wurde einerseits die reiz- und die handlungsbezogene Aktivität und andererseits die zugrunde liegende funktionelle Konnektivität ermittelt. In der sensomotorischen Kontrolle war ein breites okzipito-parietal-frontales Netzwerk involviert. Dabei wurden zwei Regionen identifiziert, IPSa und PMa, welche funktionelle Antworteigenschaften aufwiesen, die sowohl für die visuelle Verarbeitung als auch für die Ausführung von Bewegungen typisch sind. Daher scheinen sie auf die visuomotorische Integration und das Planen von motorischen Handlungen spezialisiert zu sein.

5.1.1 Netzwerk im intraparietalen Sulcus

In der vorliegenden Arbeit wurde während der visuellen Reizphase ein extensives kortikales Netzwerk aktiviert. Bemerkenswerterweise zeigten nicht die okzipitalen Regionen bei der visuellen Reizung die größten Antworten, sondern die untersuchten intraparietalen Subregionen IPSt, IPSp, IPSm und IPSa. Die stärkste Antwort wurde in IPSm gefunden, das vermutliche Äquivalent zum von Swisher und Kollegen (2007) ermittelten Areal IPS2. Die starken Antworten der intraparietalen Regionen unterstreichen die Annahme, dass dort während der visuellen Reizphase nicht nur eine grundlegende Verarbeitung von sensorischen Informationen stattfand, sondern auch höhere aufgabenrelevante Verarbeitung. Diese Vermutung unterstützen Studien, die beschreiben, dass Areale im intraparietalen Sulcus in höhere kognitive Prozesse wie beispielsweise Aufmerksamkeit, Kurzzeitgedächtnis, Merkmalsextraktion und visuomotorische Integration involviert zu sein scheinen (Claeys et al., 2003; Corbetta et al., 2002; Konen & Kastner, 2008b; Levy et al., 2007; Saygin & Sereno, 2008; Schluppeck et al., 2005; Sereno et al., 2001; Silver et al., 2005). Der Reiz im hier verwendeten visuomotorischen Paradigma enthält Komponenten, die eine räumliche Aufmerksamkeitsverschiebung induzieren (Smith et al., 2000), welche mit frontoparietaler Netzwerkaktivität assoziiert ist (Kastner & Ungerleider, 2000; Saygin & Sereno, 2008). Folglich ist es naheliegend, dass neben der Verarbeitung der visuellen Informationen auch höhere aufgabenrelevante Prozesse, wie die Aufmerksamkeitsverschiebung und die visuomotorische Integration, die Regionen im IPS aktivierten. Die starken Antworten dieser Regionen während der visuellen Reizphase deuten an, dass sie eine zentrale Rolle im Netzwerk der aufgabenrelevanten sensorischen Verarbeitung darstellen. Jedoch scheinen diese anhand der Ergebnisse der funktionellen Konnektivitätsanalyse unterschiedliche Schwerpunkte bei der Informationsverarbeitung zu haben. So waren MT und IPSa weniger stark funktionell miteinander verbunden als MT und IPSt. Im Gegensatz dazu waren PM und IPSa funktionell stärker miteinander verbunden als PM und IPSt. Während also IPSt im Netzwerk der sensorischen Verarbeitung involviert ist, ist IPSa ein Bestandteil des Netzwerks der visuomotorischen Integration.

5.1.2 Funktionelle Spezialisierung von IPSa

Im intraparietalen Sulcus wurden vier Subregionen untersucht, IPSt, IPSp, IPSm und IPSa. Unter diesen Subregionen hing nur die Lateralisierung der Antwort von IPSa schon während der visuellen Reizung sowohl von dem dargestellten jeweiligen visuellen Reiz als auch von dem zu verwendenden Effektor ab. Das Muster der Lateralisierung von IPSa war während der visuellen Reizphase in Bezug auf beide Faktoren kontralateral, das heißt, die Antworten in dieser Region des IPS sind reiz- und effektorabhängig. Im Gegensatz zu den Antworten während der visuellen Reizphase, waren die Antworten von IPSa während der motorischen Antwortphase kleiner und wiesen weder eine Lateralisierung zum Effektor noch zum Reiz auf. Diese Resultate zeigen, dass IPSa eine visuell getriebene Subregion ist, welche in die visuomotorische Integration involviert ist, und zwar während der Vorbereitungsphase einer motorischen Antwort auf einen visuellen Reiz. Diese Ergebnisse werden von denen der durchgeführten funktionellen Konnektivitätsanalyse, die bereits im vorangegangenen Abschnitt diskutiert wurde, untermauert. In der Analyse wurde gezeigt, dass das Areal IPSa eine funktionelle Verbindung zu den prämotorischen Arealen PMp und PMa aufwies, die im Vergleich zur weiter posterior gelegenen IPSt-Region signifikant stärker ausfiel. Demnach unterstützen die Ergebnisse die Aussage, dass IPSa in motorische Prozesse involviert ist. Über einen anderen Analyseweg kamen Blangero und Kollegen (2009) zu einer selbigen Aussage. Die Autoren quantifizierten zunächst mit einer Meta-Analyse über 13 Bildgebungsstudien an Normalprobanden (fünf PET- und acht fMRT-Studien) die Koordinaten vier relevanter parietaler Areale, die in visuomotorischen Aufgaben eine starke Aktivierung aufzeigten [ermittelte Areale: parieto-occipital Sulcus (POS), posteriores IPS (pIPS), mittlerer IPS (mIPS) und anteriorer IPS (aIPS)]. Anschließend wurden die Areale in einem fMRT-Experiment anhand eines visuomotorischen Paradigmas mit einer Armstreckbewegung bezüglich ihrer Lateralisierungen untersucht. Die Autoren wiesen nach, dass der Grad der Lateralisierung zum kontralateralen Effektor von den posterioren zu den anterioren Arealen steigt. Hingegen sinkt der Grad der Lateralisierung zum visuellen Reiz (Blangero et al., 2009).

Die in der vorliegenden Arbeit ermittelten MNI-Koordinaten von IPSa weisen auf eine Äquivalenz zu den Arealen IPS3 und IPS4 hin, welche in früheren Studien zur retinotopen Kartierung mit visuellen Reizen beschrieben wurden (Swisher et al. 2007; Hoffmann et al., 2009). Das Zentrum von IPSa lag innerhalb der Standardabweichung der beschriebenen Positionen von IPS3 und IPS4 (Swisher et al. 2007). Ferner wurde eine IPS-Region, deren Zentrum weniger als 10 mm vom IPSa-Zentrum entfernt ist, mit einer Bedeutung für die Planung einer Armstreckbewegung beschrieben (Beurze et al., 2007). Hier wurden im Vergleich zu anderen Bedingungen die stärksten Antworten bei der Planung einer Armstreckbewegung mit kontralateralem Effektor zu einem kontralateralem visuellen Reiz berichtet. Damit ähneln die Lateralisierungsmuster dieser Region denen, der hier ermittelten IPSa-Region. Während die Resultate von Beurze und Kollegen (2007) eine Spezialisierung der IPS-Region auf die visuomotorische Integration während der Planungsphase einer Armstreckung andeuten, weisen die Resultate der vorliegenden Arbeit darauf, dass diese Region eine allgemeinere Relevanz hat: Auch bei einer nicht zielgerichteten Streckbewegung, in diesem Fall ein einfacher, durch einen visuellen Reiz ausgelöster Knopfdruck auf einem Tastenfeld außerhalb des Gesichtsfelds, ist IPSa in der visuomotorischen Integration involviert. Entsprechend werden demnach keine aufwändigen visuomotorischen Paradigmen mit Positionskontrolle der jeweiligen Effektoren benötigt, da der Prozess der visuomotorischen

Integration bereits mit einfachen Knopfdruck-Aufgaben untersucht werden kann. Neben der Tatsache, dass dieses Ergebnis von grundlegendem Interesse für das Verständnis des Netzwerks der visuomotorischen Integration ist, besteht auch eine praktische Erkenntnis: Bei fMRT Experimenten mit visuell induzierten motorischen Handlungen werden die Antworten zum visuellen Reiz in der Hemisphäre kontralateral zum verwendeten Effektor verstärkt. Dieser Effekt zeigt sich insbesondere bei der Region IPSa und muss bei der Interpretation der Lateralisierungen von fMRT-Antworten in Paradigmen, die eine motorische Handlung enthalten, berücksichtigt werden.

5.1.3 Funktionelle Spezialisierung von PMa

Neben dem Areal IPSa, welches während der visuellen Reizphase kontralateral zum Reiz und zur bevorstehenden Effektorantwort lateralisiert ist, wurden in der vorliegenden Arbeit ähnliche Eigenschaften auch für das Areal PMa beobachtet. Aufgrund seiner MNI-Koordinaten entspricht es vermutlich den frontalen Augenfeldern (FEF), denn der Abstand vom Zentrum von PMa und dem in vorherigen Arbeiten beschriebenem Zentrum der FEF (Kastner et al., 2007) liegt unter 10 mm. Es ist bekannt, dass die FEF durch Paradigmen mit kontralateraler Gesichtsfeldreizung aktiviert werden und nicht nur in Planungs- und Handlungsprozesse von eingeprägten Sakkaden involviert sind, sondern auch in Arbeitsgedächtnisaufgaben, welche keine Augenbewegungen erfordern (Hagler & Sereno, 2006; Kastner et al., 2007). Ferner sind die FEF in die Kontrolle der räumlichen Aufmerksamkeit involviert (Kastner & Ungerleider, 2000; Saygin & Sereno, 2008). Es wird angenommen, dass das hier ermittelte Areal PMa während der visuellen Reizphase, ebenso wie die Subregionen des IPS, bei der räumlichen Aufmerksamkeit eine Rolle spielt.

Im Gegensatz zu IPSa wies PMa zusätzlich zu den Lateralisierungseigenschaften während der visuellen Reizphase auch lateralisierte Antworten während der motorischen Antwortphase auf. Während der motorischen Ausführung wurden kontralaterale Antworten zu dem verwendeten Effektor ermittelt. Dies ist für kortikale Areale charakteristisch, die in die motorische Ausführung involviert sind. Folglich ist in der Verarbeitungskette vom visuellen Eingang zum motorischen Ausgang, das Areal PMa stärker in die motorische Ausführung eingebunden als das Areal IPSa.

II Experimenteller Teil

5.1.4 Lateralisierung und funktionelle Spezialisierung somatosensorischer und motorischer Areale

Der Knopfdruck auf dem Tastenfeld im Versuch aktivierte Komponenten des somatosensorischen und motorischen Kortex. Dabei wurde die Aktivität des primären somatosensorischen Areals, des primären motorischen Areals, der dorsalen prämotorischen Areale und des supplementär-motorischen Areals näher untersucht. All diese Areale zeigten bei einer Bewegungsausführung bilaterale Aktivität mit einer Antwortdominanz zum kontralateralen Effektor. Zusätzlich konnte eine Kleinhirnaktivität ermittelt werden, die eine ipsilaterale Antwortdominanz zum Effektor aufzeigte. Diese bestehenden Lateralisierungen zum Effektor stimmen mit denen aus Studien an Primaten überein (Mensch: Alkadhi et al., 2002; Beurze et al., 2007; Colebatch et al., 1991; Hanakawa et al., 2006; Kuhtz-Buschbeck et al., 2003; Maccotta et al., 2001; Michelon et al., 2006; Kim et al., 1993); nichthumane Primaten: (Cisek et al., 2003; Hoshi & Tanji, 2006; Kazennikov et al., 1999; Kermadi et al., 1998).

Obwohl alle fünf untersuchten Areale des somatosensorischen und motorischen Kortex eine Effektorspezifität zeigten, unterschieden sich deren Antwortmuster in ihren funktionellen Spezialisierungen. Während die primär- und supplementär-motorischen Areale nur während der motorischen Ausführung in der motorischen Antwortphase antworteten, waren die somatosensorischen und dorsalen prämotorischen Areale auch während der motorischen Planung in der visuellen Reizphase aktiv. Diese Resultate erhärten frühere Berichte bei Menschen und nichthumanen Primaten, dass die somatosensorischen und dorsalen prämotorischen Areale in visuell induzierte Bewegung involviert sind (Jeannerod et al., 1995; Culham et al., 2006; Beurze et al., 2007; Donoghue & Sanes, 1994; Hoshi & Tanji, 2006; 2007; Kalaska et al., 1997; Schubotz & von Cramon, 2001; Toni et al., 2002; Wise et al., 1996). Dabei versorgt der somatosensorische Kortex den posterior-parietalen Kortex mit sensorischen Informationen, die wiederum von dort dem dorsalen prämotorischen Kortex als efferente Zuströme weitergeleitet werden. Somit sind neben dem posterior-parietalen Kortex der prämotorische und wahrscheinlich auch der somatosensorische Kortex in die Planung von Bewegung eingebunden (Beurze et al., 2007; Jeannerod et al., 1995; Culham et al., 2006; Matsumoto et al., 2003). Die Antwort des somatosensorischen Kortex war im Vergleich zur Bewegungsplanung während der Bewegungsausführung deutlich stärker. Dieses Resultat untermauert die Erkenntnisse von Studien mit Menschen und nichthumanen Primaten, die dem somatosensorischen Kortex eine Steuerungsfunktion der Bewegung zuschreiben, indem dieser den motorischen Kortex mit einem sensorischen Feedback versorgt (Braun et al., 2001;

Pearson, 2000; Pavlides et al., 1993; Aschersleben et al., 2001). Zusätzlich wurde in dieser vorliegenden Arbeit ermittelt, dass der dorsale prämotorische Kortex funktionell unterteilt ist. Die Antwortlateralisierung von PMa war sowohl effektor- als auch reizabhängig, während die von PMp nur effektorabhängig war. Dies ist ein Hinweis darauf, dass der prämotorische Kortex im anterioren Bereich visuell getrieben ist und im posterioren Bereich eine motorische Präferenz beinhaltet, was durch eine frühere Untersuchung am Menschen Bestätigung findet (Matsumoto et al., 2003).

5.1.5 Von der sensorischen Verarbeitung zur motorischen Ausführung - Nachweis anhand kortikaler Lateralisierungsmuster

Um die Lateralisierungsmuster von IPSa und PMa im Kontext des aktivierten Netzwerks beurteilen zu können, wurden die in der hier vorliegenden Arbeit untersuchten Regionen gemäß ihrer spezifischen Lateralisierungsmuster in der visuellen Reizphase und der motorischen Antwortphase, in Tabelle 9 zusammengefasst.

Anhand der Spezifizität der jeweiligen Lateralisierungsmuster sollen visuell, motorisch und visuomotorisch spezialisierte Areale identifiziert werden. Insgesamt wurden anhand der Lateralisierungsmuster vier funktionelle Unterteilungen der untersuchten Areale aufgestellt. Die funktionellen Unterteilungen könnten die Verarbeitungskette vom visuellen Eingang über die visuomotorische Integration bis schließlich zur motorischen Ausführung reflektieren: 1) Die Regionen V1, MT, IPSt, IPSp und IPSm zeigten ausschließlich kontralaterale Antwortdominanz zum visuellen Reiz der visuellen Reizphase auf. Die Tatsache, dass diese Areale nur Lateralisierungen zum Reiz aufwiesen, lässt eine visuell getriebene Steuerung vermuten. 2) Die Region IPSa wies nur während der visuellen Reizphase kontralaterale Antwortdominanz zum Reiz und zum Effektor auf. Dies deutet einerseits auf eine visuelle Steuerung des Areals sowie andererseits auf eine Teilnahme dieses Areals an der visuomotorischen Integration hin. 3) Die Region PMa zeigte während der visuellen Reizphase kontralaterale Antwortdominanz zum Reiz sowie zum Effektor und zusätzlich während der motorischen Antwortphase kontralaterale Antworten zum Effektor auf. Dies lässt vermuten, dass das PMa visuell getrieben, in die visuomotorische Integration und in die motorische Ausführung involviert ist. 4) Die Regionen PMp, SMA, M1 und S1 zeigten während der visuellen Reizphase geringe und während der motorischen Antwortphase ausgeprägte Antworten mit Antwortdominanz kontralateral zum Effektor in beiden Phasen. Dies suggeriert, dass die Regionen in die motorische Ausführung involviert sind. Ferner ist bemerkenswert, dass während der visuellen Reizphase die Antworten von PMp und S1 die von SMA und M1 deutlich übertreffen. Das weist in Übereinstimmung mit vorherigen Untersuchungen (Beurze et al., 2007; Matsumoto et al., 2003) darauf hin, dass PMp und S1 möglicherweise auch in Aspekte der Motorplanung involviert sind.

Tabelle 9: Kontralaterale Antwortdominanz während der visuellen Reiz- und der motorischen Antwortphase

Hirnregionen	visuelle Reizphase		motorische Antwortphase
	Reiz	*Effektor*	*Effektor*
V1	X		
MT	X		
IPSt	X		
IPSp	X		
IPSm	X		
IPSa	X	X	
PMa	X	X	X
PMp		X	X
SMA		X	X
M1		X	X
S1		X	X

II Experimenteller Teil

5.2 Visuomotorische Integration bei Albinismus

Die vorliegende Arbeit ist der erste Bericht, der bei Menschen mit Albinismus zeigt, dass trotz einer extensiven Abnormalität in dem visuell getriebenen okzipito-parietalen Kortex die Lateralisierungsmuster der somatosensorischen und motorischen Repräsentationen weitgehend normal sind. Die Trefferquote während der Durchführung der visuomotorischen Aufgabe unterschied sich bei den Albinismuspatienten nicht von jener der Normalprobanden. Daraus wird geschlossen, dass durch Mechanismen der kortikalen Selbstorganisation die visuomotorische Verarbeitung einer abnormalen Gesichtsfeldrepräsentation im visuellen System ermöglicht wird, so dass visuell induzierte motorische Aufgaben korrekt durchgeführt werden können.

5.2.1 Abnormale Gesichtsfeldrepräsentationen

Aufgrund der Fehlprojektion eines Teils der temporalen Netzhaut enthalten die visuellen Areale V1 und V2 bei Menschen und nichthumanen Primaten mit Albinismus, zusätzlich zu der normalen Repräsentation des kontralateralen Gesichtsfelds, eine Repräsentation des ipsilateralen Gesichtsfelds (Guillery et al., 1984; Hoffmann et al., 2003). Gesichtsfeldausfälle die mit der abnormal projizierenden temporalen Netzhaut korrespondieren, sind aus Albinismus-Tiermodellen mit Nicht-Primaten bekannt (Elekessy et al., 1973; Garipis & Hoffmann, 2003). Hingegen bestehen beim Menschen mit Albinismus keine Hinweise auf solche wesentlichen Wahrnehmungsdefizite. Aus elektrophysiologischen und Wahrnehmungsuntersuchungen mit Albinismuspatienten geht hervor, dass das fehlrepräsentierte Gesichtsfeld den Kortex aktiviert und verhaltensrelevant ist (Hoffmann et al. 2005; 2006; 2007). Auch aus den Verhaltensdaten dieser Arbeit wird deutlich, dass die Sehnervenfehlkreuzung keinen einschneidenden Einfluss auf die Wahrnehmung hat. Denn trotz abnormaler Gesichtsfeldrepräsentation unterschieden sich die Trefferquoten der Albinismuspatienten nach Durchführung der visuomotorischen Aufgabe nicht von denen der Normalprobanden. Kritisch muss angemerkt werden, dass es aufgrund der relativ einfachen Paradigmaaufgabe allerdings möglich ist, dass es sich hier um einen Deckeneffekt („ceiling effect") handelt. Demzufolge könnten eventuelle Auswirkungen, die mit der Sehnervenfehlkreuzung in Zusammenhang stehen, bei Messungen in Schwellennähe auftreten. Die Ergebnisse der vorliegenden Arbeit motivieren entsprechende Untersuchungen.

II Experimenteller Teil

Da bei Albinismus der abnormale visuelle Eingang die Wahrnehmung nicht zu beeinflussen scheint, stellt sich die Frage, ob die in V1 auftretende abnormale Repräsentation in höheren Arealen unterdrückt wird oder der visuomotorischen Integration unverändert verfügbar gemacht wird. Im Folgenden wird diese Fragestellung anhand der Ergebnisse zweier unterschiedlicher Analysen, der ROI-Analyse und der Regressionsanalyse, diskutiert. In der ROI-Analyse wurden in der vorliegenden Arbeit V1 und höhere visuell-getriebene Areale wie MT, IPSt und IPSa auf Lateralisierungsabnormalitäten überprüft. Die Referenzdaten der Normalprobanden zeigten bei diesen Arealen stets eine Antwortdominanz zum kontralateralen Gesichtsfeld. Bei den 14 Albinismuspatienten war diese für die Areale V1 und MT vergleichsweise geringer und fehlte trotz deutlicher Aktivierung vollständig in den Arealen IPSt und IPSa. Die Resultate implizieren eine Ausprägung der in V1 evidenten Repräsentationsabnormalität auf höher liegenden Ebenen in der Verarbeitung visueller Informationen. Besonders deutlich spiegelte sich dieser Effekt in den Antworten der Albinismuspatienten mit großer Sehnervenfehlkreuzung wieder. Wesentlich bei der Interpretation dieser Ergebnisse ist die Berücksichtigung des Einflusses der defizitären Sehfunktion bei Albinismusbetroffenen, wie insbesondere die reduzierte Sehschärfe und der horizontale Nystagmus. Daher wurde eine Regressionsanalyse durchgeführt, in der die reduzierte Sehschärfe und der horizontale Nystagmus als mögliche Störfaktoren in der Ermittlung der Lateralisierungsmuster der visuell-getriebenen Aktivität berücksichtigt wurden. Diese Analyse basierte auf der interindividuellen Variabilität des Ausmaßes der Fehlprojektion der Sehnerven in Albinismuspatienten (Creel et al., 1981; Hoffmann et al., 2003; 2005; von dem Hagen et al., 2007). Dabei korrelierten Aktivierungen, die mit der Sehnervenfehlkreuzung in Zusammenhang stehen, mit dem Lateralisierungsindex I_L, welcher dem ermittelten Ausmaß der Sehnervenfehlkreuzung entspricht. Das Grundprinzip dieser Analyse beruhte darauf, dass das Ausmaß der Sehnervenfehlkreuzung zwar von dem individuellen albinotischen Pigmentdefizit abhängt (Menschen: von dem Hagen et al., 2007; Tiere: Creel et al., 1982; Leventhal & Creel, 1985; Ault et al., 1995; Balkema & Drager, 1990; LaVail et al., 1978; Sanderson et al., 1974), nicht jedoch von der individuellen Sehschärfe und der Nystagmusamplitude (von dem Hagen et al., 2007; Hoffmann et al., 2005). Diese Abhängigkeitsverhältnisse wurden auch in der hier vorliegenden Arbeit ermittelt und untermauern die Aussagen der oben aufgeführten Studien. Demzufolge wurden die von dem Ausmaß der Sehnervenfehlkreuzung unabhängigen funktionellen Defizite, die Sehschärfe und die horizontale Nystagmusamplitude der jeweiligen Albinismuspatienten, als Kovariaten von no interest zu dem statistischen Modell hinzugefügt. Dadurch sollte ein möglicher Einfluss dieser Parameter auf die Antwortlateralisierung im Kortex reduziert werden. So konnte die Auswirkung des fehlprojizierten Teils des Sehnervens im visuellen System quantifiziert werden. Die Resultate dieser Korrelation zeigten kortikale Aktivität in den Regionen, die den ermittelten Arealen MT, IPSt und IPSa der oben diskutierten ROI-Analyse entsprechen. Dies deutet darauf hin, dass die in V1 repräsentierte Abnormalität in weiter höher gelegene Verarbeitungsstufen propagiert, anstatt auf früher Ebene korrigiert zu werden.

Zusammenfassend zeigen die Ergebnisse der ROI-Analyse sowie der Regressionsanalyse, dass nicht nur V1 von der abnormalen Repräsentation betroffen ist, sondern Hinweise auf Abnormalitäten in höheren visuellen Arealen bestehen. Das Potential der kortikalen Selbstorganisation scheint demnach so umfangreich zu sein, dass sich auch höhere Areale an die abnormalen Repräsentationen der frühen visuellen Areale angepasst haben. Bei beiden Analysen ist es von besonderer Wichtigkeit, sicherzustellen, dass die abnormale V1-Repräsentation tatsächlich ein Resultat der Sehnervenfehlkreuzung, und nicht beispielsweise vom Nystagmus ist. Im Grunde wäre denkbar, dass die Variabilität der V1-Abnormalität auf die vom Nystagmus induzierte Bildverschiebungen des visuellen Reizes auf der Netzhaut zurückzuführen ist. Wäre die Bildverschiebung der Grund für eine fälschlicherweise nachgewiesene ipsilaterale Reizrepräsentation in V1, wären auch Antworten am kortikalen Repräsentationsort der Fovea, am sogenannten okzipitalen Pol, zu erwarten (von dem Hagen, 2005). Die in dieser Arbeit ermittelten Resultate zeigen jedoch nur eine Aktivität in dem Bereich von V1 an, in welchem peripher gelegene Reize repräsentiert werden (siehe die V1-Aktivitätskarten in Abb. 34). Die jeweiligen MNI-Koordinaten der Normalprobanden und Albinismuspatienten belegen, dass die Aktivitätsmaxima der V1-Antwort an ähnlichen kortikalen Stellen lokalisiert waren, und zwar medial und anterior zur fovealen Repräsentation am lateralen okzipitalen Pol (vergleiche die MNI-Koordinaten der V1-Aktivität bei Normalprobanden und Albinismuspatienten in beiden Hemisphären in Tabelle 2 und 3). Dies ist ein deutlicher Hinweis darauf, dass die bei Albinismus vorkommende abnormale Repräsentation in V1 auf die Sehnervenfehlkreuzung und nicht auf vom Nystagmus induzierte Effekte zurückzuführen ist. In welchem Ausmaß Abweichungen in der okulomotorischen Verarbeitung beim Albinismus eventuell Auswirkungen auf die Architektur und Funktionalität der visuell gesteuerten Areale im IPS haben, ist noch nicht geklärt (Neveu et al., 2009; Schmitz et al., 2004).

II Experimenteller Teil

Zwar liefern die hier berichteten Ergebnisse Hinweise auch auf eine Abnormalität im intraparietalen Sulcus von Albinismuspatienten, jedoch ist insbesondere für IPSa zu bedenken, dass aufgrund der großen rezeptiven Felder in diesem Bereich (Tootell et al., 1998; Wandell et al., 2007; Kastner et al, 2001; Ben Hamed et al., 2001; Serences & Yantis, 2007) auch in Normalprobanden die Antwortlateralisierung schwach ausgeprägt ist. Somit ist das Fehlen der Lateralisierung bei Albinismuspatienten und die Ergebnisse der Regressionsanalyse zwar ein Hinweis auf die Repräsentationsabnormalität bis in IPSa hinein, ergänzende Studien sind jedoch notwendig, um dieses Ergebnis zu untermauern. Insbesondere fMRT-basierte Kartierung (Wandell et al., 2007) erscheint hierfür vielversprechend. Sie könnte darüber hinaus auch helfen, das Organisationsmuster zu bestimmen, dem die Organisation der abnormalen Repräsentation in höheren Verarbeitungsstufen folgt. Denn dieses ist bei Albinismus in den höheren visuellen Arealen noch unbekannt. Demnach gilt zu klären, ob in den visuellen Arealen MT, IPSt und IPSa neben den retinotopen Karten, die dort kürzlich für die normale Repräsentation des kontralateralen Gesichtsfelds bei Normalprobanden belegt wurden (Hoffmann et al., 2009; Swisher et al., 2007; Kastner et al., 2010), auch retinotope Karten für die abnormale ipsilaterale Repräsentation bei Albinismus ausgebildet werden. Die Koexistenz von zwei überlagerten retinotopen Karten, einer normalen kontralateralen und einer abnormalen ipsilateralen Halbfeldrepräsentation, würde der Anordnung gemäß dem „echten Albinismusmuster" entsprechen. Das „echte Albinismusmuster" ist eines von drei möglichen Organisationsschemen, die in V1 und V2 bei verschiedenen Säugetieren mit Albinismus ermittelt wurden (Guillery, 1986; Guillery et al., 1984; Hoffmann et al., 2003; siehe Abschnitt 1.2.1.3). Eine Bestimmung, ob das „echte Albinismusmuster" auch in den höher liegenden Arealen bei Albinismuspatienten evident ist, oder ob die höher liegenden Areale einem anderen im Tiermodell beobachteten Organisationsmuster folgen, beispielsweise dem „Boston-Muster" und somit räumlich voneinander getrennt vorliegen, wäre bedeutsam. Denn es ist nicht selbstverständlich, dass in höheren Arealen das Organisationsschema des „echten Albinismusmusters" beibehalten wird. Aus Tierexperimenten mit Albinismus ist bekannt, dass die Repräsentation von mehreren kortikalen Organisationsschemen in einem Tier möglich ist. Unterschiedliche Studien haben von dem Vorhandensein von beiden, dem „Boston-" und dem „Midwestern-Muster" (siehe Abschnitt 1.2.1.3), in unterschiedlichen kortikalen Regionen desselben Tieres berichtet (Frettchen: Akerman et al., 2003; Katze: Berman & Grant, 1992; Cooper & Blasdel, 1980). Ableitend aus den Resultaten der Tierexperimente wären auch bei Menschen mit Albinismus mehrere kortikale Organisationsschemen in verschiedenen Verarbeitungsstufen des visuellen Kortex möglich. Welches Organisationsmuster tatsächlich in den höher liegenden okzipito-parietalen Arealen bei Menschen mit Albinismus vorliegt, gilt es in detaillierten Kartierungsstudien zu klären.

5.2.2 Spezifität der abnormalen Lateralisierung im albinotischen visuellen System

Kortikale Abnormalität kann generell aus primären oder aus sekundären Defiziten entstehen. Primäre Defizite sind direkte Verursacher einer kortikalen Abnormalität, während sekundäre Defizite Neben- oder Zusatzeffekte darstellen, die sich aus primären Defiziten entwickeln. Bei Albinismus resultieren die Abnormalitäten im visuellen System primär aus Defiziten, die die Synthese von Melanin beeinflussen. Des Weiteren ist es durchaus möglich, dass bei Albinismus die abnormalen Gesichtsfeldkarten in den Karten anderer Systeme Abnormalitäten als ein Ergebnis sensorischer Konflikte induzieren und somit sich sekundäre Defizite ausbilden (Guillery, 1990). Bemerkenswerterweise ist neben der abnormalen Repräsentation im visuellen System nur wenig über die Organisation anderer Systeme bei Albinismus bekannt. Einige wenige Studien beschreiben subtile Auswirkungen von Albinismus auf das auditorische System (Menschen: Creel et al., 1980; Katze: Conlee et al., 1984; Creel et al., 1983), die vermutlich sekundärer Natur sind (Baker & Guillery, 1989). Diese Studien zum auditorischen System deuten an, dass bei Albinismus eine systemübergreifende Beeinflussung durch die Abnormalität des visuellen Systems tatsächlich möglich ist. Weitere Studien zur Untersuchung anderer kortikaler Systeme bei Albinismus sind jedoch nicht bekannt. Lediglich eine Fallstudie zur Lateralisierung des somatosensorischen Kortex bei Albinismus liegt vor, welche eine normale Somatotopie belegt (Garraghty et al., 1990). Jedoch wurde bei dieser Fallstudie eine Albinokatze untersucht, was möglicherweise ein unangemessenes Modell für das Verständnis der Auswirkungen von Albinismus auf menschliche Sinnessysteme darstellt (Hoffmann et al., 2008). Um beim Menschen mit Albinismus die Abnormalität im visuellen System und deren mögliche Einflussnahme auf weitere kortikale Systeme in visuomotorischen Aufgaben zu verstehen, wurden in dieser Arbeit der somatosensorische und der motorische Kortex auf sekundäre albinotische Defizite in einer großen Anzahl von Patienten untersucht.

Die Resultate belegen eine normale Lateralisierung im somatosensorischen und im motorischen Kortex sowie im Kleinhirn von Albinismuspatienten. Folglich scheinen bei Albinismus ausgeprägte Abnormalitäten der kortikalen Lateralisierungen hauptsächlich auf

II Experimenteller Teil

das visuelle System begrenzt zu sein, während das somatosensorische und das motorische System unbeeinflusst bleiben. Dies wirft die Frage auf, wie die abnormale visuelle Repräsentation einer normalen somatosensorischen und motorischen Repräsentation zugänglich gemacht wird.

5.2.3 Visuomotorische Integration

Ein abnormaler Eingang in das visuelle System stellt eine besondere Herausforderung für die kortikalen Areale dar, welche für die Integration visueller Informationen, für die multisensorische Verarbeitung oder auch für das visuell induzierte Planen von Bewegung zuständig sind. Bei Albinismus muss eine zusätzliche abnormale visuelle Repräsentation mit den Karten anderer kortikaler Verarbeitungssysteme in Beziehung stehen. Die visuomotorische Aufgabe, die den Albinismuspatienten in der vorliegenden Arbeit gestellt wurde, erfordert, dass die abnormale Gesichtsfeldrepräsentation in V1 für die motorische Verarbeitung verfügbar gemacht wird. Prinzipiell kann diese Verfügbarkeit durch eine kortikale Anpassung auf drei verschiedenen Ebenen ermöglicht werden: Strategie a) Anpassung auf der Ebene des visuellen Eingangs: Es besteht bereits in niedrigen visuellen Verarbeitungsstufen eine Korrektur der abnormalen Repräsentation, bevor höher gelegene Verarbeitungsstufen erreicht werden. Strategie b) Anpassung auf der Ebene des motorischen Ausganges: Es besteht im Motorkortex durch eine veränderte Organisation eine Anpassung an die abnormale visuelle Repräsentation – ein Ansatz, der durch das starke Plastizitätspotential des menschlichen Motorkortex während der Perinatalperiode unterstützt wäre (Braun et al., 2009; Eyre et al., 2001; Gerloff et al., 2006). Strategie c) Anpassung der visuomotorischen Schnittstellen: Es besteht in anterioren intraparietalen oder prämotorischen Regionen (Beurze et al., 2007; Blangero et al., 2009; Wolynski et al., 2009) eine Anpassung an die zusätzliche abnormale visuelle Repräsentation.

Gegenwärtig ist keine eindeutige Festlegung auf eine der drei oben genannten Strategien bei Menschen mit Albinismus möglich. Jedoch deuten die Ergebnisse dieser Arbeit keine Korrektur der Abnormalität im visuellen Kortex an. Vielmehr breitet sich diese auf höher gelegene visuelle Verarbeitungsstufen aus. Ferner liegt eine robuste normale Organisation im primären motorischen Kortex vor. Demnach sprechen diese Erkenntnisse gegen die Strategien a) und b). Schließlich deuten die Abnormalitäten im anterioren intraparietalen Sulcus sowie die in geringerem Ausmaß ausgeprägten Abnormalitäten im prämotorischen Kortex auf ein Zutreffen der Strategie c) hin. Demzufolge könnte die Anpassung an den abnormalen visuellen Eingang in den Regionen stattfinden, die für die visuomotorischen Integration zuständig sind. Zur vollständigen Klärung der zugrundeliegenden Mechanismen sind jedoch weitere Untersuchungen notwendig. Die bereits angesprochene fMRT-basierte retinotope Kartierung der betreffenden Gebiete könnte hierbei von Bedeutung sein.

Zusammenfassung

Visuelle Informationen sind nicht nur für die Wahrnehmung der Umwelt, sondern auch für die Reaktion auf die Umwelt bedeutend. Ein Verständnis der neuronalen Prozesse, die die Umsetzung visueller Informationen in eine motorische Handlung bewirken, ist daher von grundlegendem Interesse. In der hier vorliegenden Arbeit wurde in zwei Ansätzen die visuomotorische Integration beim Menschen untersucht. Mit Hilfe der funktionellen Magnetresonanztomographie (fMRT) wurden zunächst in Normalprobanden relevante kortikale Regionen identifiziert und dann die Funktion und Plastizität der visuomotorischen Verarbeitung bei abnormalem visuellen Eingang an Albinismuspatienten untersucht.

Die fMRT-Untersuchung der Normalprobanden zeigte, dass bei der visuomotorischen Verarbeitung ein weitreichendes okzipito-parieto-frontales kortikales Netzwerk aktiviert wurde. Die Lateralisierungseigenschaften und funktionelle Konnektivität dieser Aktivitäten untermauerten dabei folgende funktionelle Spezifität: a) visuelle Verarbeitung im Okzipitallappen und im posterioren intraparietalen Sulcus (IPS), b) visuomotorische Planung im anterioren IPS und in den frontalen Augenfeldern (FEF) und c) motorische Ausführung in den FEF, in prä- und supplementär-motorischen Arealen und im primären motorischen Kortex.

Die Ergebnisse der Patientenuntersuchung zeigten, dass bei Albinismus jenseits vom primären visuellen Kortex (V1) in dem mittleren temporalen Kortex und im intraparietalen Sulcus Hinweise auf weitere abnormale Gesichtsfeldrepräsentationen bestehen. Dies deutet an, dass die in V1 auftretende Abnormalität in der weiteren visuellen Verarbeitung nicht unterdrückt oder kompensiert wird, sondern stattdessen in höher geordnete visuelle Areale weitergeleitet wird. Trotz der visuellen Repräsentationsabnormalität zeigten die hier ermittelten Ergebnisse keine Einschränkungen der motorischen Ausführung. Die bei der Durchführung der visuomotorischen Aufgabe erzielten Trefferquoten der Albinismuspatienten unterschieden sich nicht signifikant von jenen der Normalprobanden. Auch die kortikalen Antworten des somatosensorischen und motorischen Systems unterschieden sich in ihren Lateralisierungen nicht signifikant von den Referenzdaten. Aus den Ergebnissen wurde geschlossen, dass die abnormale Repräsentation der visuomotorischen Integration zugänglich gemacht wird. Möglicherweise spielte dabei die Anpassung von den Arealen, die für die visuomotorische Integration selbst von Bedeutung sind, eine Rolle.

Synopsis

The visual information we receive is vital not only to our perception of the environment, it also affects our reactions to external influences. Understanding the neural processes involved in converting visual information into motor action is therefore a primary interest in neurophysiology. In this study, two approaches were taken to further the understanding of visuo-motor integration in humans. Using functional magnetic resonance imaging (fMRI), relevant cortical regions were identified in healthy subjects. Then, the functionality and plasticity of visuo-motor processing in the presence of abnormal visual input was examined in patients with albinism.

The fMRI analysis in healthy subjects demonstrated that an extensive occipito-parieto-frontal network is activated in visuo-motor processing. The lateralization properties and the functional connectivity of the cortical responses supported the following functional specificity: a) visual processing in the occipital lobe and the posterior intraparietal sulcus (IPS), b) visuo-motor planning in the anterior IPS and the frontal eye fields (FEF) and c) motor action in FEF, pre- and supplementary motor areas, and in the primary motor cortex.

The results of the patient study suggest that in albinism, abnormal visual field representation can be found in areas beyond the primary visual cortex, namely the middle temporal cortex and in the intraparietal sulcus. This indicatedthat the abnormal visual representation in area V1 is not suppressed or compensated in further processing, but that it is propagated to higher tier visual areas. Despite this visual abnormality, there was no indication of impaired processing for subsequent visually induced motor actions. The hit rates achieved in the visuo-motor paradigm by the albinotic patients did not differ significantly from that of healthy subjects. Further, there was no significant deviation from normal lateralization patterns in the cortical responses of the motor and somatosensory systems. It is concluded that the abnormal representation is made available to visuo-motor integration. Possibly, this is achieved via adaptive mechanisms directly affecting the areas involved in the visuo-motor integration.

Literaturverzeichnis:

Abadi, R., & Pascal, E. (1989). The recognition and management of albinism. Ophthalmic Physiol Opt, 9(1), 3-15.
Abadi, R. V., & Cox, M. J. (1992). The distribution of macular pigment in human albinos. Invest Ophthalmol Vis Sci, 33(3), 494-497.
Abadi, R. V., & Pascal, E. (1991). Visual resolution limits in human albinism. Vision Res, 31(7-8), 1445-1447.
Akeo, K., Tanaka, Y., & Okisaka, S. (1994). A comparison between melanotic and amelanotic retinal pigment epithelial cells in vitro concerning the effects of L-dopa and oxygen on cell cycle. Pigment Cell Res, 7(3), 145-151.
Akerman, C. J., Tolhurst, D. J., Morgan, J. E., Baker, G. E., & Thompson, I. D. (2003). Relay of visual information to the lateral geniculate nucleus and the visual cortex in albino ferrets. J Comp Neurol, 461(2), 217-235.
Alkadhi, H., Crelier, G. R., Boendermaker, S. H., Golay, X., Hepp-Reymond, M. C., & Kollias, S. S. (2002). Reproducibility of primary motor cortex somatotopy under controlled conditions. AJNR Am J Neuroradiol, 23(9), 1524-1532.
American Encephalographic Society. (1994). Guideline thirteen: Guidelines for standard electrode position nomenclature. J Clin Neurophysiol, 11, 111-113.
Andersen, R. A., & Buneo, C. A. (2002). Intentional maps in posterior parietal cortex. Annu Rev Neurosci, 25, 189-220.
Andersen, R. A., & Gnadt, J. W. (1989). Posterior parietal cortex. Rev Oculomot Res, 3, 315-335.
Apkarian, P., Bour, L. J., Barth, P. G., Wenniger-Prick, L., & Verbeeten, B., Jr. (1995). Non-decussating retinal-fugal fibre syndrome. An inborn achiasmatic malformation associated with visuotopic misrouting, visual evoked potential ipsilateral asymmetry and nystagmus. Brain, 118 (Pt 5), 1195-1216.
Apkarian, P., Reits, D., Spekreijse, H., & van Dorp, D. (1983). A decisive electrophysiological test for human albinism. Electroenceph Clin Neurophysiol, 55, 513–531.
Arcaro, M. J., McMains, S. A., Singer, B. D., & Kastner, S. (2009). Retinotopic organization of human ventral visual cortex. J Neurosci, 29(34), 10638-10652.
Arden GB, Barrada A, Kelsey JH (1962) New clinical test of retinal function based upon the standing potential of the eye. Brit J Ophthalmol 46:449-467
Aschersleben G, Gehrke J, Prinz W., (2001). Tapping with peripheral nerve block. a role for tactile feedback in the timing of movements. Exp Brain Res. ;136(3):331-9.
Ashburner, J., & Friston, K. J. (1999). Nonlinear spatial normalization using basis functions. Hum Brain Mapp, 7(4), 254-266.
Ault, S. J., Leventhal, A. G., Vitek, D. J., & Creel, D. J. (1995). Abnormal ipsilateral visual field representation in areas 17 and 18 of hypopigmented cats. J Comp Neurol, 354(2), 181-192.
Bach, M. (1990). Die Sehbahnfehlprojektion bei Albinismus – eine neue Anwendung evozierter Potentiale in der Ophthalmologie. Orthoptik-pleoptik, 15, 7–14.
Bach, M. (1996a). The Freiburg Visual Acuity Test – Automatic measurement of visual acuity. Optometry & Vision Sci, 73, 49–53.
Bach M (1996b) Elektrodiagnostik in der Ophthalmologie – Wann welche Untersuchung und warum? Orthoptik Pleoptik 20:5–22
Bach M (1998) Electroencephalogram (EEG). In: von Schulthess GK & Hennig J (eds) Functional imaging: principles and methodology. Lippincott-Raven · Philadelphia. Chapter 9, p391-408.

Literaturverzeichnis

Bach, M. (2000). Freiburg Evoked Potentials. Retrieved 09.02.2001, 2001, from http://www.ukl.uni-freiburg.de/aug/mit/bach/ep2000/

Bach, M., & Kellner, U. (2000). Elektrophysiologische Diagnostik in der Ophthalmologie. Ophthalmologe, 97, 898–920.

Bach, M., & Kommerell, G. (1991). Albino-type misrouting of the optic nerve fibres not found in dissociated vertical deviation. Graefes Arch Clin Exp Ophthal, 230, 158–161.

Bach, M., & Kommerell, G. (1992). Albino-type misrouting of the optic nerve fibers not found in dissociated vertical deviation. Graefes Arch Clin Exp Ophthalmol, 230(2), 158-161.

Bach, M., & Kommerell, G. (1998). [Determining visual acuity using European normal values: scientific principles and possibilities for automatic measurement]. Klin Monatsbl Augenheilkd, 212(4), 190–195.

Baker, G. E., & Guillery, R. W. (1989). Evidence for the delayed expression of a brainstem abnormality in albino ferrets. Exp Brain Res, 74(3), 658-662.

Baker, G. E., & Reese, B. E. (1993). Chiasmatic course of temporal retinal axons in the developing ferret. J Comp Neurol, 330(1), 95-104.

Balkema, G. W., & Drager, U. C. (1990). Origins of uncrossed retinofugal projections in normal and hypopigmented mice. Vis Neurosci, 4(6), 595-604.

Battaglia-Mayer, A., & Caminiti, R. (2002). Optic ataxia as a result of the breakdown of the global tuning fields of parietal neurones. Brain, 125(Pt 2), 225-237.

Bear, M., Paradiso, M., & Connors, B. W. (2007). The eye. In Neuroscience, Exploring the Brain Lippincott Williams & Wilkins New York (3th edition, pp. 277-341).

Berman, N. E., & Grant, S. (1992). Topographic organization, number, and laminar distribution of callosal cells connecting visual cortical areas 17 and 18 of normally pigmented and Siamese cats. Vis Neurosci, 9(1), 1-19.

Beurze, S. M., de Lange, F. P., Toni, I., & Medendorp, W. P. (2007). Integration of target and effector information in the human brain during reach planning. J Neurophysiol, 97(1), 188-199.

Blangero, A., Menz, M. M., McNamara, A., & Binkofski, F. (2009). Parietal modules for reaching. Neuropsychologia, 47(6), 1500-1507.

Braun, C., Demarchi, G., & Papadelis, C. (2009). Cortical reorganisation after damage to the central nervous system. Neuro-Ophthalmology, 33, 142-148.

Braun C., Heinz U., Schweizer R., Wiech K, Birbaumer N., Topka H., (2001). Dynamic organization of the somatosensory cortex induced by motor activity. Brain 124 (11): 2259-2267.

Brecelj, J., Stirn-Kranjc, B., Pecaric-Meglic, N., & Skrbec, M. (2007). VEP asymmetry with ophthalmological and MRI findings in two achiasmatic children. Doc Ophthalmol, 114(2), 53-65.

Brett, M., Anton, J.-L., Valabregue, R., & Poline, J.-P. (2002). Region of interest analysis using an SPM toolbox. Paper presented at the 8th International Conference on functional Mapping of the Human Brain.

Caminiti, R., Ferraina, S., & Mayer, A. B. (1998). Visuomotor transformations: early cortical mechanisms of reaching. Curr Opin Neurobiol, 8(6), 753-761.

Cheng, K., Waggoner, R. A., & Tanaka, K. (2001). Human ocular dominance columns as revealed by high-field functional magnetic resonance imaging. Neuron, 32(2), 359-374.

Chong, G. T., Farsiu, S., Freedman, S. F., Sarin, N., Koreishi, A. F., Izatt, J. A., et al. (2009). Abnormal foveal morphology in ocular albinism imaged with spectral-domain optical coherence tomography. Arch Ophthalmol, 127(1), 37-44.

Cisek, P., Crammond, D. J., & Kalaska, J. F. (2003). Neural activity in primary motor and dorsal premotor cortex in reaching tasks with the contralateral versus ipsilateral arm. J Neurophysiol, 89(2), 922-942.

Claeys, K. G., Lindsey, D. T., De Schutter, E., & Orban, G. A. (2003). A higher order motion region in human inferior parietal lobule: evidence from fMRI. Neuron, 40(3), 631-642.

Clarke A., Teiwes W., Scherer H., (1991) Video-Oculography – an alternative method for measurement of three-dimensional eye movements; In: Oculomotor Control and Cognitive Processes edited by R. Schmid and D. Zambarbieri pp 431-443 Elsevier Science Publishers B.V.

Cohen, M. S., & Bookheimer, S. Y. (1994). Localization of brain function using magnetic resonance imaging. Trends Neurosci, 17(7), 268-277.

Colby, C. L., & Goldberg, M. E. (1999). Space and attention in parietal cortex. Annu Rev Neurosci, 22, 319-349.

Colebatch, J. G., Deiber, M. P., Passingham, R. E., Friston, K. J., & Frackowiak, R. S. (1991). Regional cerebral blood flow during voluntary arm and hand movements in human subjects. J Neurophysiol, 65(6), 1392-1401.

Colello, R. J., & Jeffery, G. (1991). Evaluation of the influence of optic stalk melanin on the chiasmatic pathways in the developing rodent visual system. J Comp Neurol, 305(2), 304-312.

Coleman, J., Sydnor, C. F., Wolbarsht, M. L., & Bessler, M. (1979). Abnormal visual pathways in human albinos studied with visually evoked potentials. Exp Neurol, 65(3), 667-679.

Conlee, J. W., Parks, T. N., Romero, C., & Creel, D. J. (1984). Auditory brainstem anomalies in albino cats: II. Neuronal atrophy in the superior olive. J Comp Neurol, 225(1), 141-148.

Cooper, M. L., & Blasdel, G. G. (1980). Regional variation in the representation of the visual field in the visual cortex of the Siamese cat. J Comp Neurol, 193(1), 237-253.

Corbetta, M., Kincade, J. M., & Shulman, G. L. (2002). Neural systems for visual orienting and their relationships to spatial working memory. J Cogn Neurosci, 14(3), 508-523.

Creel, D., Conlee, J. W., & Parks, T. N. (1983). Auditory brainstem anomalies in albino cats. I. Evoked potential studies. Brain Res, 260(1), 1-9.

Creel, D., Garber, S. R., King, R. A., & Witkop, C. J., Jr. (1980). Auditory brainstem anomalies in human albinos. Science, 209(4462), 1253-1255.

Creel, D., Hendrickson, A. E., & Leventhal, A. G. (1982). Retinal projections in tyrosinase-negative albino cats. J Neurosci, 2(7), 907-911.

Creel, D., O'Donnell, F. E., Jr., & Witkop, C. J., Jr. (1978). Visual system anomalies in human ocular albinos. Science, 201(4359), 931-933.

Creel, D., Spekreijse, H., & Reits, D. (1981). Evoked potentials in albinos: efficacy of pattern stimuli in detecting misrouted optic fibers. Electroencephalogr Clin Neurophysiol, 52(6), 595-603.

Creel, D., Witkop, C. J., Jr., & King, R. A. (1974). Asymmetric visually evoked potentials in human albinos: evidence for visual system anomalies. Invest Ophthalmol, 13(6), 430-440.

Creel, D. J. (1971a). Differences of ipsilateral and contralateral visually evoked responses in the cat: strains compared. J Comp Physiol Psychol, 77(1), 161-165.

Creel, D. J. (1971b). Visual system anomaly associated with albinism in the cat. Nature, 231(5303), 465-466.

Creel, D. J., & Giolli, R. A. (1972). Retinogeniculostriate projections in guinea pigs: albino and pigmented strains compared. Exp Neurol, 36(3), 411-425.

Culham, J. C., Cavina-Pratesi, C., & Singhal, A. (2006). The role of parietal cortex in visuomotor control: what have we learned from neuroimaging? Neuropsychologia, 44(13), 2668-2684.

Culham, J. C., Danckert, S. L., DeSouza, J. F., Gati, J. S., Menon, R. S., & Goodale, M. A. (2003). Visually guided grasping produces fMRI activation in dorsal but not ventral stream brain areas. Exp Brain Res, 153(2), 180-189.

Culham, J. C., & Valyear, K. F. (2006). Human parietal cortex in action. Curr Opin Neurobiol, 16(2), 205-212.

Dale, A. M. (1999). Optimal experimental design for event-related fMRI. Hum Brain Mapp, 8(2-3), 109-114.

Delgado, J., Carvalho, D., Sousa, R., Ferreira, S., & Aveiro, M. J. (2009). First record of albinism in the deepwater black scabbard-fish Aphanopus carbo (Trichiuridae) off Madeira. J. Appl. Ichthyol., 25, 483–484.

Dessinioti, C., Stratigos, A. J., Rigopoulos, D., & Katsambas, A. D. (2009). A review of genetic disorders of hypopigmentation: lessons learned from the biology of melanocytes. Exp Dermatol, 18(9), 741-749.

DeYoe, E. A., Carman, G. J., Bandettini, P., Glickman, S., Wieser, J., Cox, R., et al. (1996). Mapping striate and extrastriate visual areas in human cerebral cortex. Proc Natl Acad Sci U S A, 93(6), 2382-2386.

Di Russo, F., Martinez, A., Sereno, M. I., Pitzalis, S., & Hillyard, S. A. (2002). Cortical sources of the early components of the visual evoked potential. Hum Brain Mapp, 15(2), 95–111.

Donoghue, J. P., & Sanes, J. N. (1994). Motor areas of the cerebral cortex. J Clin Neurophysiol, 11(4), 382-396.

Drager, U. C. (1985). Birth dates of retinal ganglion cells giving rise to the crossed and uncrossed optic projections in the mouse. Proc R Soc Lond B Biol Sci, 224(1234), 57-77.

Dumoulin, S. O., Bittar, R. G., Kabani, N. J., Baker, C. L., Jr., Le Goualher, G., Bruce Pike, G., et al. (2000). A new anatomical landmark for reliable identification of human area V5/MT: a quantitative analysis of sulcal patterning. Cereb Cortex, 10(5), 454-463.

Duncan, G. E., & Stumpf, W. E. (1991). Brain activity patterns: assessment by high resolution autoradiographic imaging of radiolabeled 2-deoxyglucose and glucose uptake. Prog Neurobiol, 37(4), 365-382.

Elekessy, E. I., Campion, J. E., & Henry, G. H. (1973). Differences between the visual fields of Siamese and common cats. Vision Res, 13(12), 2533-2543.

Elschnig, A. (1913). Zur Anatomie des menschlichen Albinoauges. Graefes Arch Clin Exp Ophthalmol, 84, 401-419.

Engel, S. A., Glover, G. H., & Wandell, B. A. (1997). Retinotopic organization in human visual cortex and the spatial precision of functional MRI. Cereb Cortex, 7(2), 181-192.

Eyre, J. A., Taylor, J. P., Villagre, F., Smith, M., & Miller, S. (2001). Evidence of activity-dependent withdrawal of corticospinal projections during human development. Neurology, 57, 1543-1554.

Felleman, D. J., & Van Essen, D. C. (1991). Distributed hierarchical processing in the primate cerebral cortex. Cereb Cortex, 1(1), 1-47.

Ferris, F. L., 3rd, Kassoff, A., Bresnick, G. H., & Bailey, I. (1982). New visual acuity charts for clinical research. Am J Ophthalmol, 94(1), 91-96.

Fisher, R. A. (1921). On the probable error of a coefficient of correlation deduced from a small sample. Metron, 1, 3-32.

Frischholz R. Motion tracking. In: J"ahne B, Haußecker H, Geißler P, editors. Handbook of Computer Vision and Applications, vol. 3. London: Academic Press; 1999. p. 329–44.

Friston, K. J., Fletcher, P., Josephs, O., Holmes, A., Rugg, M. D., & Turner, R. (1998). Event-related fMRI: characterizing differential responses. Neuroimage, 7(1), 30-40.

Friston, K. J., Holmes, A., Worsley, K. J., Poline, J.-P., Frith, C. D., & Frackowiak, R. S. (1995). Statistical parametric maps in functional imaging: a general linear approach. Hum Brain Mapp, 2, 189-210.

Friston, K. J., Jezzard, P., & Turner, R. (1994). Analysis of functional MRI time-series. Hum Brain Mapp, 153-171.

Friston, K. J., Stephan, K. E., Lund, T. E., Morcom, A., & Kiebel, S. (2005). Mixed-effects and fMRI studies. Neuroimage, 24(1), 244-252.

Friston, K. J., Williams, S., Howard, R., Frackowiak, R. S., & Turner, R. (1996). Movement-related effects in fMRI time-series. Magn Reson Med, 35(3), 346-355.

Fulton, A. B., Albert, D. M., & Craft, J. L. (1978). Human albinism. Light and electron microscopy study. Arch Ophthalmol, 96(2), 305-310.

Gardner, E. P., Debowy, D. J., Ro, J. Y., Ghosh, S., & Babu, K. S. (2002). Sensory monitoring of prehension in the parietal lobe: a study using digital video. Behav Brain Res, 135(1-2), 213-224.

Garipis, N., & Hoffmann, K. P. (2003). Visual field defects in albino ferrets (Mustela putorius furo). Vision Res, 43(7), 793-800.

Garraghty, P. E., Schall, J. D., & Kaas, J. H. (1990). Normal somatotopy in SI of a tyrosinase-negative albino cat. Brain Res, 536(1-2), 315-317.

Garrod, A. (1908). Inborn errors of metabolism. In Inborn errors of metabolism (pp. 73-79).

Genovese, C. R., Lazar, N. A., & Nichols, T. (2002). Thresholding of statistical maps in functional neuroimaging using the false discovery rate. Neuroimage, 15(4), 870-878.

Gerloff, C., Braun, C., Staudt, M., Hegner, Y. L., Dichgans, J., & Krageloh-Mann, I. (2006). Coherent corticomuscular oscillations originate from primary motor cortex: evidence from patients with early brain lesions. Hum Brain Mapp, 27(10), 789-798.

Goldstein, B. (2010). Sensation and perception (8th ed.). Wadsworth, Belmont CA, 73-98

Goodyear, B. G., & Menon, R. S. (2001). Brief visual stimulation allows mapping of ocular dominance in visual cortex using fMRI. Hum Brain Mapp, 14(4), 210-217.

Grant, S., Waller, W., Bhalla, A., & Kennard, C. (2003). Normal chiasmatic routing of uncrossed projections from the ventrotemporal retina in albino Xenopus frogs. J Comp Neurol, 458(4), 425-439.

Guillery, R. W. (1971). An abnormal retinogeniculate projection in the albino ferret (Mustela furo). Brain Res, 33(2), 482-485.

Guillery, R. W. (1986). Neural abnormalities in albinos. Trends Neurosci, 18, 364-367.

Guillery, R. W. (1990). Normal and abnormal visual field maps in albinos. Central effects of non-matching maps. Ophthalmic Paediatr Genet, 11(3), 177-183.

Guillery, R. W., Casagrande, V. A., & Oberdorfer, M. D. (1974). Congenitally abnormal vision in Siamese cats. Nature, 252(5480), 195-199.

Guillery, R. W., Hickey, T. L., Kaas, J. H., Felleman, D. J., Debruyn, E. J., & Sparks, D. L. (1984). Abnormal central visual pathways in the brain of an albino green monkey (Cercopithecus aethiops). J Comp Neurol, 226(2), 165-183.

Guillery, R. W., & Kaas, J. H. (1973). Genetic abnormality of the visual pathways in a "white" tiger. Science, 180(92), 1287-1289.

Guillery, R. W., Okoro, A. N., & Witkop, C. J., Jr. (1975). Abnormal visual pathways in the brain of a human albino. Brain Res, 96(2), 373-377.

Hagler, D. J., Jr., Riecke, L., & Sereno, M. I. (2007). Parietal and superior frontal visuospatial maps activated by pointing and saccades. Neuroimage, 35(4), 1562-1577.

Hagler, D. J., Jr., & Sereno, M. I. (2006). Spatial maps in frontal and prefrontal cortex. Neuroimage, 29(2), 567-577.

Halliday, A. M., McDonald, W. I., & Mushin, J. (1972). Delayed visual evoked response in optic neuritis. *Lancet, 1*, 982–985.

Hanakawa, T., Honda, M., Zito, G., Dimyan, M. A., & Hallett, M. (2006). Brain activity during visuomotor behavior triggered by arbitrary and spatially constrained cues: an fMRI study in humans. Exp Brain Res, 172(2), 275-282.

Hinrichs, H., Scholz, M., Tempelmann, C., Woldorff, M. G., Dale, A. M., & Heinze, H. J. (2000). Deconvolution of event-related fMRI responses in fast-rate experimental designs: tracking amplitude variations. J Cogn Neurosci, 12 Suppl 2, 76-89.

Hoffmann, M. B., Lorenz, B., Morland, A. B., & Schmidtborn, L. C. (2005). Misrouting of the optic nerves in albinism: estimation of the extent with visual evoked potentials. Invest Ophthalmol Vis Sci, 46(10), 3892-3898.

Hoffmann, M. B., Lorenz, B., Preising, M., & Seufert, P. S. (2006). Assessment of cortical visual field representations with multifocal VEPs in control subjects, patients with albinism, and female carriers of ocular albinism. Invest Ophthalmol Vis Sci, 47(7), 3195-3201.

Hoffmann, M. B., Seufert, P. S., & Schmidtborn, L. C. (2007). Perceptual relevance of abnormal visual field representations - static visual field perimetry in human albinism. Br J Ophthalmol, 91, 509-513.

Hoffmann, M. B., Stadler, J., Kanowski, M., & Speck, O. (2009). Retinotopic mapping of the human visual cortex at a magnetic field strength of 7T. Clin Neurophysiol, 120(1), 108-116.

Hoffmann, M. B., Tolhurst, D. J., Moore, A. T., & Morland, A. B. (2003). Organization of the visual cortex in human albinism. J Neurosci, 23(26), 8921-8930.

Hoffmann, M. B., Seufert, P. S., & Bach, M. (2004). Simulated nystagmus suppresses pattern-reversal but not pattern-onset visual evoked potentials. *Clin Neurophysiol, 115*(11), 2659-2665.

Hoffmann, M. B., Wolynski, B., Meltendorf, S., Behrens-Baumann, W., & Kasmann-Kellner, B. (2008). Multifocal visual evoked potentials reveal normal optic nerve projections in human carriers of oculocutaneous albinism type 1a. Invest Ophthalmol Vis Sci, 49(6), 2756-2764.

Holm, S. (1979). A simple sequentially rejective multiple test procedure. Scand J Statist, 6, 65–70.

Horton, J. C., & Hoyt, W. F. (1991). The representation of the visual field in human striate cortex. A revision of the classic Holmes map. Arch Ophthalmol, 109(6), 816-824.

Hoshi, E., & Tanji, J. (2000). Integration of target and body-part information in the premotor cortex when planning action. Nature, 408(6811), 466-470.

Hoshi, E., & Tanji, J. (2002). Contrasting neuronal activity in the dorsal and ventral premotor areas during preparation to reach. J Neurophysiol, 87(2), 1123-1128.

Hoshi, E., & Tanji, J. (2004). Differential roles of neuronal activity in the supplementary and presupplementary motor areas: from information retrieval to motor planning and execution. J Neurophysiol, 92(6), 3482-3499.

Hoshi, E., & Tanji, J. (2006). Differential involvement of neurons in the dorsal and ventral premotor cortex during processing of visual signals for action planning. J Neurophysiol, 95(6), 3596-3616.

Hoshi, E., & Tanji, J. (2007). Distinctions between dorsal and ventral premotor areas: anatomical connectivity and functional properties. Curr Opin Neurobiol, 17(2), 234-242.

Hu, X., Le, T. H., & Ugurbil, K. (1997). Evaluation of the early response in fMRI in individual subjects using short stimulus duration. Magn Reson Med, 37(6), 877-884.

Huang, K., & Guillery, R. W. (1985). A demonstration of two distinct geniculocortical projection patterns in albino ferrets. Brain Res, 352(2), 213-220.

Literaturverzeichnis

Hubel, D. H., & Wiesel, T. N. (1968). Receptive fields and functional architecture of monkey striate cortex. J Physiol, 195(1), 215-243.

Hubel, D. H., & Wiesel, T. N. (1971). Aberrant visual projections in the Siamese cat. J Physiol, 218(1), 33-62.

Hubel, D. H., & Wiesel, T. N. (1977). Ferrier lecture. Functional architecture of macaque monkey visual cortex. Proc R Soc Lond B Biol Sci, 198(1130), 1-59.

Ilia, M., & Jeffery, G. (1996). Delayed neurogenesis in the albino retina: evidence of a role for melanin in regulating the pace of cell generation. Brain Res Dev Brain Res, 95(2), 176-183.

Ilia, M., & Jeffery, G. (1999). Retinal mitosis is regulated by dopa, a melanin precursor that may influence the time at which cells exit the cell cycle: analysis of patterns of cell production in pigmented and albino retinae. J Comp Neurol, 405(3), 394-405.

Ilia, M., & Jeffery, G. (2000). Retinal cell addition and rod production depend on early stages of ocular melanin synthesis. J Comp Neurol, 420(4), 437-444.

Jeannerod, M., Arbib, M. A., Rizzolatti, G., & Sakata, H. (1995). Grasping objects: the cortical mechanisms of visuomotor transformation. Trends Neurosci, 18(7), 314-320.

Jeffery, G. (1989). Distribution and trajectory of uncrossed axons in the optic nerves of pigmented and albino rats. J Comp Neurol, 289(3), 462-466.

Jeffery, G. (1997). The albino retina: an abnormality that provides insight into normal retinal development. Trends Neurosci, 20(4), 165-169.

Jeffery, G. (2001). Architecture of the optic chiasm and the mechanisms that sculpt its development. Physiol Rev, 81(4), 1393-1414.

Jeffery, G., Darling, K., & Whitmore, A. (1994). Melanin and the regulation of mammalian photoreceptor topography. Eur J Neurosci, 6(4), 657-667.

Jenkinson, M., Bannister, P., Brady, M., & Smith, S. (2002). Improved optimization for the robust and accurate linear registration and motion correction of brain images. Neuroimage, 17(2), 825-841.

Josephs, O., & Henson, R. N. (1999). Event-related functional magnetic resonance imaging: modelling, inference and optimization. Philos Trans R Soc Lond B Biol Sci, 354(1387), 1215-1228.

Kaas, J. H., & Guillery, R. W. (1973). The transfer of abnormal visual field representations from the dorsal lateral geniculate nucleus to the visual cortex in Siamese cats. Brain Res, 59, 61-95.

Kalaska, J. F., Scott, S. H., Cisek, P., & Sergio, L. E. (1997). Cortical control of reaching movements. Curr Opin Neurobiol, 7(6), 849-859.

Kandel, E., Schwartz, J., & Jessel, T. (2000). Central visual pathways. In Principles of Neural Science (pp. 523-546). New York: McGraw-Hill.

Kanowski, M., Rieger, J. W., Noesselt, T., Tempelmann, C., & Hinrichs, H. (2007). Endoscopic eye tracking system for fMRI. J Neurosci Methods, 160(1), 10-15.

Kasmann-Kellner, B., & Seitz, B. (2007). [Phenotype of the visual system in oculocutaneous and ocular albinism]. Ophthalmologe, 104(8), 648-661.

Kastner, S., DeSimone, K., Konen, C. S., Szczepanski, S. M., Weiner, K. S., & Schneider, K. A. (2007). Topographic maps in human frontal cortex revealed in memory-guided saccade and spatial working-memory tasks. J Neurophysiol, 97(5), 3494-3507.

Kastner S., De Weerd P., Pinsk M. A., Elizondo M. I., Desimone R., Ungerleider L. G. (2001). Modulation of Sensory Suppression: Implications for Receptive Field Sizes in the Human Visual Cortex. J Neurophysiol 86: 1398-1411.

Kastner, S., & Ungerleider, L. G. (2000). Mechanisms of visual attention in the human cortex. Annu Rev Neurosci, 23, 315-341.

Kazennikov, O., Hyland, B., Corboz, M., Babalian, A., Rouiller, E. M., & Wiesendanger, M. (1999). Neural activity of supplementary and primary motor areas in monkeys and its relation to bimanual and unimanual movement sequences. Neuroscience, 89(3), 661-674.

Kelly, J. P., & Weiss, A. H. (2006). Topographical retinal function in oculocutaneous albinism. Am J Ophthalmol, 141(6), 1156-1158.

Kermadi, I., Liu, Y., Tempini, A., Calciati, E., & Rouiller, E. M. (1998). Neuronal activity in the primate supplementary motor area and the primary motor cortex in relation to spatio-temporal bimanual coordination. Somatosens Mot Res, 15(4), 287-308.

Kim, S. G., Ashe, J., Georgopoulos, A. P., Merkle, H., Ellermann, J. M., Menon, R. S., et al. (1993). Functional imaging of human motor cortex at high magnetic field. J Neurophysiol, 69(1), 297-302.

King, R. A., Hearing, V. J., Creel, D. J., & Oetting, W. S. (1995). Albinism. In the metabolic and molecular bases of inherited disease. New York: McGraw-Hill, Inc. (pp. 5587-5627).

Kolb, B., & Wishaw, I. Q. (1996). Fundamentals of human neuropsychology (4 ed.). New York, NY: Freeman.

Konen, C. S., & Kastner, S. (2008a). Representation of eye movements and stimulus motion in topographically organized areas of human posterior parietal cortex. J Neurosci, 28(33), 8361-8375.

Konen, C. S., & Kastner, S. (2008b). Two hierarchically organized neural systems for object information in human visual cortex. Nat Neurosci, 11(2), 224-231.

Kuhtz-Buschbeck, J. P., Mahnkopf, C., Holzknecht, C., Siebner, H., Ulmer, S., & Jansen, O. (2003). Effector-independent representations of simple and complex imagined finger movements: a combined fMRI and TMS study. Eur J Neurosci, 18(12), 3375-3387.

LaVail, J. H., Nixon, R. A., & Sidman, R. L. (1978). Genetic control of retinal ganglion cell projections. J Comp Neurol, 182(3), 399-421.

Leventhal, A. G., & Creel, D. J. (1985). Retinal projections and functional architecture of cortical areas 17 and 18 in the tyrosinase-negative albino cat. J Neurosci, 5(3), 795-807.

Levy, I., Schluppeck, D., Heeger, D. J., & Glimcher, P. W. (2007). Specificity of human cortical areas for reaches and saccades. J Neurosci, 27(17), 4687-4696.

Logothetis, N. K., Pauls, J., Augath, M., Trinath, T., & Oeltermann, A. (2001). Neurophysiological investigation of the basis of the fMRI signal. Nature, 412(6843), 150-157.

Lorenz, B. (1997). Albinismus: Aktuelle klinische und molekulargenetische Aspekte einer wichtigen Differentialdiagnose des kongenitalen Nystagmus. Ophthalmologe, 94, 534–544.

Lund, R. C. (1965). Uncrossed visual pathways of hooded and albino rats. Science, 149, 1505-1507.

Maccotta, L., Zacks, J. M., & Buckner, R. L. (2001). Rapid self-paced event-related functional MRI: feasibility and implications of stimulus- versus response-locked timing. Neuroimage, 14(5), 1105-1121.

Maldjian, J. A., Laurienti, P. J., & Burdette, J. H. (2004). Precentral gyrus discrepancy in electronic versions of the Talairach atlas. Neuroimage, 21(1), 450-455.

Maldjian, J. A., Laurienti, P. J., Kraft, R. A., & Burdette, J. H. (2003). An automated method for neuroanatomic and cytoarchitectonic atlas-based interrogation of fMRI data sets. Neuroimage, 19(3), 1233-1239.

Marcus, R. C., Wang, L. C., & Mason, C. A. (1996). Retinal axon divergence in the optic chiasm: midline cells are unaffected by the albino mutation. Development, 122(3), 859-868.

Matsumoto, R., Ikeda, A., Ohara, S., Matsuhashi, M., Baba, K., Yamane, F., et al. (2003). Motor-related functional subdivisions of human lateral premotor cortex: epicortical recording in conditional visuomotor task. Clin Neurophysiol, 114(6), 1102-1115.

Mazziotta, J. C., Toga, A. W., Evans, A., Fox, P., & Lancaster, J. (1995). A probabilistic atlas of the human brain: theory and rationale for its development. The International Consortium for Brain Mapping (ICBM). Neuroimage, 2(2), 89-101.

Medendorp, W. P., Beurze, S. M., Van Pelt, S., & Van Der Werf, J. (2008). Behavioral and cortical mechanisms for spatial coding and action planning. Cortex, 44(5), 587-597.

Medendorp, W. P., Goltz, H. C., Crawford, J. D., & Vilis, T. (2005). Integration of target and effector information in human posterior parietal cortex for the planning of action. J Neurophysiol, 93(2), 954-962.

Medendorp, W. P., Goltz, H. C., Vilis, T., & Crawford, J. D. (2003). Gaze-centered updating of visual space in human parietal cortex. J Neurosci, 23(15), 6209-6214.

Menon, R. S., Ogawa, S., Hu, X., Strupp, J. P., Anderson, P., & Ugurbil, K. (1995). BOLD based functional MRI at 4 Tesla includes a capillary bed contribution: echo-planar imaging correlates with previous optical imaging using intrinsic signals. Magn Reson Med, 33(3), 453-459.

Merriam, E. P., Genovese, C. R., & Colby, C. L. (2003). Spatial updating in human parietal cortex. Neuron, 39(2), 361-373.

Michelon, P., Vettel, J. M., & Zacks, J. M. (2006). Lateral somatotopic organization during imagined and prepared movements. J Neurophysiol, 95(2), 811-822.

Miezin, F. M., Maccotta, L., Ollinger, J. M., Petersen, S. E., & Buckner, R. L. (2000). Characterizing the hemodynamic response: effects of presentation rate, sampling procedure, and the possibility of ordering brain activity based on relative timing. Neuroimage, 11(6 Pt 1), 735-759.

Milner, A. D., & Goodale, M. A. (1995). The visual brain in action. Oxford: Oxford University Press.

Morgan, J. E., Henderson, Z., & Thompson, I. D. (1987). Retinal decussation patterns in pigmented and albino ferrets. Neuroscience, 20(2), 519-535.

Muckli, L., Naumer, M. J., & Singer, W. (2009). Bilateral visual field maps in a patient with only one hemisphere. Proc Natl Acad Sci U S A, 106(31), 13034-13039.

Murakami, D., Sesma, M. A., & Rowe, M. H. (1982). Characteristics of nasal and temporal retina in Siamese and normally pigmented cats: ganglion cell composition, axon trajectory and laterality of projection. Brain Behav Evol, 21(2-3), 67-113.

Nassi, J. J., & Callaway, E. M. (2009). Parallel processing strategies of the primate visual system. Nat Rev Neurosci, 10(5), 360-372.

Neveu, M. M., Holder, G. E., Ragge, N. K., Sloper, J. J., Collin, J. R., & Jeffery, G. (2006). Early midline interactions are important in mouse optic chiasm formation but are not critical in man: a significant distinction between man and mouse. Eur J Neurosci, 23(11), 3034-3042.

Neveu, M. M., Jeffery, G., Moore, A. T., & Dakin, S. C. (2009). Deficits in local and global motion perception arising from abnormal eye movements. Journal of Vision, 9(4), 1-15.

Neveu, M. M., von dem Hagen, E., Morland, A. B., & Jeffery, G. (2008). The fovea regulates symmetrical development of the visual cortex. J Comp Neurol, 506(5), 791-800.

Newton, J. M., Cohen-Barak, O., Hagiwara, N., Gardner, J. M., Davisson, M. T., King, R. A., et al. (2001). Mutations in the human orthologue of the mouse underwhite gene (uw) underlie a new form of oculocutaneous albinism, OCA4. Am J Hum Genet, 69(5), 981-988.

Ni-Komatsu, L., & Orlow, S. J. (2006). Heterologous expression of tyrosinase recapitulates the misprocessing and mistrafficking in oculocutaneous albinism type 2: effects of

altering intracellular pH and pink-eyed dilution gene expression. Exp Eye Res, 82(3), 519-528.
Nieuwenhuys, R., Voogd, J., & Huijzen, C. (2008). The Human Central Nervous System (4th edition ed.). Berlin; Heidelberg: Springer Verlag.
Odom, J. V., Bach, M., Brigell, M., Holder, G. E., McCulloch, D. L., Tormene, A. P., et al. (2010). ISCEV standard for clinical visual evoked potentials (2009 update). Doc Ophthalmol, 120(1), 111-119.
Oetting, W. S., Fryer, J. P., Shriram, S., & King, R. A. (2003). Oculocutaneous albinism type 1: the last 100 years. Pigment Cell Res, 16(3), 307-311.
Oetting, W. S., Garrett, S. S., Brott, M., & King, R. A. (2005). P gene mutations associated with oculocutaneous albinism type II (OCA2). Hum Mutat, 25(3), 323.
Ogawa, S., & Lee, T. M. (1990). Magnetic resonance imaging of blood vessels at high fields: in vivo and in vitro measurements and image simulation. Magn Reson Med, 16(1), 9-18.
Oldfield, R. C. (1971). The assessment and analysis of handedness: the Edinburgh inventory. Neuropsychologia, 9(1), 97-113.
Orban, G. A., Claeys, K., Nelissen, K., Smans, R., Sunaert, S., Todd, J. T., et al. (2006). Mapping the parietal cortex of human and non-human primates. Neuropsychologia, 44(13), 2647-2667.
Paliaga, G. P. (1993). Die Bestimmung der Sehschärfe. München, Quintessenz-Verlag.
Pavlides C, Miyashita E, Asanuma H., (1993). Projection from the sensory to the motor cortex is important in learning motor skills in the monkey. J Neurophysiol.;70(2):733-41.
Pearson K., (2000). Motor systems. Curr Opin Neurobiol.;10(5):649-54. Review.
Perenin, M. T., & Vighetto, A. (1988). Optic ataxia: a specific disruption in visuomotor mechanisms. I. Different aspects of the deficit in reaching for objects. Brain, 111 (Pt 3), 643-674.
Pott, J. W., Jansonius, N. M., & Kooijman, A. C. (2003). Chiasmal coefficient of flash and pattern visual evoked potentials for detection of chiasmal misrouting in albinism. Doc Ophthalmol, 106(2), 137-143.
Prado, J., Clavagnier, S., Otzenberger, H., Scheiber, C., Kennedy, H., & Perenin, M. T. (2005). Two cortical systems for reaching in central and peripheral vision. Neuron, 48(5), 849-858.
Rosenbach, O. (1903). Ueber monokullare Vorherrschaft beim binokularen Sehen. Münchener Medizinische Wochenschrift.
Sanderson, K. J., Guillery, R. W., & Shackelford, R. M. (1974). Congenitally abnormal visual pathways in mink (Mustela vision) with reduced retinal pigment. J Comp Neurol, 154(3), 225-248.
Saunders, K. J., Brown, G., & McCulloch, D. L. (1998). Pattern-onset visual evoked potentials: more useful than reversal for patients with nystagmus. Doc Ophthalmol, 94(3), 265–274.
Saygin, A. P., & Sereno, M. I. (2008). Retinotopy and Attention in Human Occipital, Temporal, Parietal, and Frontal Cortex. Cereb Cortex.
Scherer H (1997) Das Gleichgewicht. Springer, Berlin Heidelberg New York
Schiaffino, M. V., & Tacchetti, C. (2005). The ocular albinism type 1 (OA1) protein and the evidence for an intracellular signal transduction system involved in melanosome biogenesis. Pigment Cell Res, 18(4), 227-233.
Schluppeck, D., Glimcher, P., & Heeger, D. J. (2005). Topographic organization for delayed saccades in human posterior parietal cortex. J Neurophysiol, 94(2), 1372-1384.
Schmidtborn, L. C. (2006). Quantifi zierung der Sehnervenfehlkreuzung bei Albinismus mit visuell evozierten Potentialen (VEPs). Albert-Ludwigs-Universität Freiburg i.Br. (Thesis).

Literaturverzeichnis

Schmitz, B., Kasmann-Kellner, B., Schafer, T., Krick, C. M., Gron, G., Backens, M., et al. (2004). Monocular visual activation patterns in albinism as revealed by functional magnetic resonance imaging. Hum Brain Mapp, 23(1), 40-52.

Schmitz, B., Krick, C., & Kasmann-Kellner, B. (2007). [Morphology of the optic chiasm in albinism]. Ophthalmologe, 104(8), 662-665.

Schmitz, B., Schaefer, T., Krick, C. M., Reith, W., Backens, M., & Kasmann-Kellner, B. (2003). Configuration of the optic chiasm in humans with albinism as revealed by magnetic resonance imaging. Invest Ophthalmol Vis Sci, 44(1), 16-21.

Schmolesky, M. T., Wang, Y., Creel, D. J., & Leventhal, A. G. (2000). Abnormal retinotopic organization of the dorsal lateral geniculate nucleus of the tyrosinase-negative albino cat. J Comp Neurol, 427(2), 209-219.

Schubotz, R. I., & von Cramon, D. Y. (2001). Functional organization of the lateral premotor cortex: fMRI reveals different regions activated by anticipation of object properties, location and speed. Brain Res Cogn Brain Res, 11(1), 97-112.

SensoMotoric Instruments GmbH - SMI, (2004). 3D-Video-Oculography System Manual. Document Version 5.04.10.

Sereno, M. I., Dale, A. M., Reppas, J. B., Kwong, K. K., Belliveau, J. W., Brady, T. J., et al. (1995). Borders of multiple visual areas in humans revealed by functional magnetic resonance imaging.[see comment]. Comment in: Science. 1995 May 12;268(5212):803-4; PMID: 7754365. Science, 268(5212), 889-893.

Sereno, M. I., Pitzalis, S., & Martinez, A. (2001). Mapping of contralateral space in retinotopic coordinates by a parietal cortical area in humans. Science, 294(5545), 1350-1354.

Shallo-Hoffmann, J., & Apkarian, P. (1993). Visual evoked response asymmetry only in the albino member of a family with congenital nystagmus. Invest Ophthalmol Vis Sci, 34(3), 682-689.

Shmuel, A., Augath, M., Oeltermann, A., & Logothetis, N. K. (2006). Negative functional MRI response correlates with decreases in neuronal activity in monkey visual area V1. Nat Neurosci, 9(4), 569-577.

Silver, J., & Sapiro, J. (1981). Axonal guidance during development of the optic nerve: the role of pigmented epithelia and other extrinsic factors. J Comp Neurol, 202(4), 521-538.

Silver, M. A., & Kastner, S. (2009). Topographic maps in human frontal and parietal cortex. Trends Cogn Sci, 13(11), 488-495.

Silver, M. A., Ress, D., & Heeger, D. J. (2005). Topographic maps of visual spatial attention in human parietal cortex. J Neurophysiol, 94(2), 1358-1371.

Smith, A. T., Singh, K. D., & Greenlee, M. W. (2000). Attentional suppression of activity in the human visual cortex. Neuroreport, 11(2), 271-277.

Smith, A. T., Williams, A. L., & Singh, K. D. (2004). Negative BOLD in the visual cortex: evidence against blood stealing. Hum Brain Mapp, 21(4), 213-220.

Soong, F., Levin, A. V., & Westall, C. A. (2000). Comparison of techniques for detecting visually evoked potential asymmetry in albinism. J Aapos, 4(5), 302-310.

Summers, C. G., King, R. A., Merrill, K. S., & Lavoie, J. D. (2004). Positive angle kappa in albinism. Am J Ophthalmol, 138(6), 1093.

Swisher, J. C., Halko, M. A., Merabet, L. B., McMains, S. A., & Somers, D. C. (2007). Visual topography of human intraparietal sulcus. J Neurosci, 27(20), 5326-5337.

Szczepanski S. M., Konen C. S., & Kastner S. (2010). Mechanisms of spatial attention control in frontal and parietal cortex. The Journal of Neuroscience, 30(1):148 -160.

Thoenissen, D., Zilles, K., & Toni, I. (2002). Differential involvement of parietal and precentral regions in movement preparation and motor intention. J Neurosci, 22(20), 9024-9034.

Tomita, Y., Takeda, A., Okinaga, S., Tagami, H., & Shibahara, S. (1989). Human oculocutaneous albinism caused by single base insertion in the tyrosinase gene. Biochem Biophys Res Commun, 164(3), 990-996.

Toni, I., Rushworth, M. F., & Passingham, R. E. (2001). Neural correlates of visuomotor associations. Spatial rules compared with arbitrary rules. Exp Brain Res, 141(3), 359-369.

Toni, I., Shah, N. J., Fink, G. R., Thoenissen, D., Passingham, R. E., & Zilles, K. (2002). Multiple movement representations in the human brain: an event-related fMRI study. J Cogn Neurosci, 14(5), 769-784.

Tootell, R. B., Dale, A. M., Sereno, M. I., & Malach, R. (1996). New images from human visual cortex. Trends Neurosci, 19(11), 481-489.

Tootell R. B. H., Hadjikhani N., Hall E. K., Marrett S., Vanduffel W., Vaughan J. T., Dale A. M. (1998). The Retinotopy of Visual Spatial Attention. Neuron, 21, 1409-1422

Tremblay, F., De Becker, I., Cheung, C., & LaRoche, G. R. (1996). Visual evoked potentials with crossed asymmetry in incomplete congenital stationary night blindness. Invest Ophthalmol Vis Sci, 37(9), 1783-1792.

Tse, P. U., Baumgartner, F. J., & Greenlee, M. W. (2010). Event-related functional MRI of cortical activity evoked by microsaccades, small visually-guided saccades, and eyeblinks in human visual cortex. Neuroimage, 49(1), 805-816.

Van Essen, D. C., & Gallant, J. L. (1994). Neural mechanisms of form and motion processing in the primate visual system. Neuron, 13(1), 1–10.

Vetrini, F., Auricchio, A., Du, J., Angeletti, B., Fisher, D. E., Ballabio, A., et al. (2004). The microphthalmia transcription factor (Mitf) controls expression of the ocular albinism type 1 gene: link between melanin synthesis and melanosome biogenesis. Mol Cell Biol, 24(15), 6550-6559.

Victor, J. D., Apkarian, P., Hirsch, J., Conte, M. M., Packard, M., Relkin, N. R., et al. (2000). Visual function and brain organization in non-decussating retinal-fugal fibre syndrome. Cereb Cortex, 10(1), 2-22.

von dem Hagen, E. A., Houston, G. C., Hoffmann, M. B., Jeffery, G., & Morland, A. B. (2005). Retinal abnormalities in human albinism translate into a reduction of grey matter in the occipital cortex. Eur J Neurosci, 22(10), 2475-2480.

von dem Hagen, E. A., Houston, G. C., Hoffmann, M. B., & Morland, A. B. (2007). Pigmentation predicts the shift in the line of decussation in humans with albinism. Eur J Neurosci, 25(2), 503-511.

Wandell, B. A., Dumoulin, S. O., & Brewer, A. A. (2007). Visual field maps in human cortex. Neuron, 56(2), 366-383.

Wandell, B. A., (1995) Foundations of vision. Sinauer Associates in Sunderland, Mass

Wandell, B. A., & Smirnakis, S. M. (2009). Plasticity and stability of visual field maps in adult primary visual cortex. Nat Rev Neurosci, 10(12), 873-884.

Webster, M. J., & Rowe, M. H. (1991). Disruption of developmental timing in the albino rat retina. J Comp Neurol, 307(3), 460-474.

Wildberger, H., & Meyer, M. (1978). [Eye movement disorder in albinos (author's transl)]. Klin Monbl Augenheilkd, 172(4), 487-490.

Wise, S. P., Boussaoud, D., Johnson, P. B., & Caminiti, R. (1997). Premotor and parietal cortex: corticocortical connectivity and combinatorial computations. Annu Rev Neurosci, 20, 25-42.

Wise, S. P., di Pellegrino, G., & Boussaoud, D. (1996). The premotor cortex and nonstandard sensorimotor mapping. Can J Physiol Pharmacol, 74(4), 469-482.

Witkop, C. J., Jr., Nance, W. E., Rawls, R. F., & White, J. G. (1970). Autosomal recessive oculocutaneous albinism in man. Evidence for genetic heterogeneity. Am J Hum Genet, 22(1), 55-74.

Wolynski, B., Schott, B. H., Kanowski, M., & Hoffmann, M. B. (2009). Visuo-motor integration in humans: cortical patterns of response lateralisation and functional connectivity. Neuropsychologia, 47(5), 1313-1322.

World Medical Association. (2000). Declaration of Helsinki: ethical principles for medical research involving human subjects. JAMA, 284(23), 3043-3045.

Zeki, S. M. (1978). Uniformity and diversity of structure and function in rhesus monkey prestriate visual cortex. J Physiol, 277, 273-290.

Zuhlke, C., Criee, C., Gemoll, T., Schillinger, T., & Kaesmann-Kellner, B. (2007a). Polymorphisms in the genes for oculocutaneous albinism type 1 and type 4 in the German population. Pigment Cell Res, 20(3), 225-227.

Zuhlke, C., Stell, A., & Kasmann-Kellner, B. (2007b). [Genetics of oculocutaneous albinism]. Ophthalmologe, 104(8), 674-680.

i want morebooks!

Buy your books fast and straightforward online - at one of world's fastest growing online book stores! Environmentally sound due to Print-on-Demand technologies.

Buy your books online at
www.get-morebooks.com

Kaufen Sie Ihre Bücher schnell und unkompliziert online – auf einer der am schnellsten wachsenden Buchhandelsplattformen weltweit! Dank Print-On-Demand umwelt- und ressourcenschonend produziert.

Bücher schneller online kaufen
www.morebooks.de

 VDM Verlagsservicegesellschaft mbH
Heinrich-Böcking-Str. 6-8   Telefon: +49 681 3720 174   info@vdm-vsg.de
D - 66121 Saarbrücken   Telefax: +49 681 3720 1749   www.vdm-vsg.de

Printed by Books on Demand GmbH, Norderstedt / Germany